AF062581

Die Deutsche Bibliothek - CIP-Einheitsaufnahme

Steiger René, Gehri Ernst, Arm Hanspeter
Einspannvorrichtung für Zugversuche an Holzproben grösseren Querschnitts /
René Steiger ; Ernst Gehri ; Hanspeter Arm. Institut für Baustatik und
Konstruktion, Eidgenössische Technische Hochschule (ETH) Zürich. -
Basel ; Boston ; Berlin : Birkhäuser, 1994
(IBK-Bericht / Institut für Baustatik und Konstruktion, ETH Zürich ; Nr. 204)

NE: Institut für Baustatik und Konstruktion <Zürich>: Bericht

Ursprünglich erschienen bei Birkhäuser Verlag Basel, P.O. Box 133, CH-4010 Basel 1993
ISBN 978-3-7643-5074-1 ISBN 978-3-0348-5612-6 (eBook)
DOI 10.1007/978-3-0348-5612-6

9 8 7 6 5 4 3 2 1

Einspannvorrichtung für Zugversuche an Holzproben grösseren Querschnitts

René Steiger
Ernst Gehri
Hanspeter Arm

Institut für Baustatik und Konstruktion
Eidgenössische Technische Hochschule Zürich

April 1994

Vorwort

Der vorliegende Bericht ist der erste einer Reihe von Publikationen zum Problemkreis "Mechanische Eigenschaften von Schweizer Fichtenholz". Er beschreibt die Entwicklung einer Versuchseinrichtung zur Zugprüfung von Brettern und Kanthölzern mit baupraktischen Abmessungen.

Die Arbeiten zum Thema "Mechanische Eigenschaften von Schweizer Fichtenholz" gehen zurück auf das Nationale Forschungsprojekt NFP 12 "Holz, erneuerbare Rohstoff- und Energiequelle". Dass es zu diesen für den Holzbau bedeutenden Untersuchungen kam, ist das Verdienst von Kollege Prof. E. Gehri, der die Problematik aufgriff, Herrn R. Steiger mit der Projektleitung und Durchführung beauftragte und ihn während den umfangreichen Untersuchungen betreute.

Herr Steiger, unterstützt durch die Herren H.P. Arm, P. Hefti und A. zum Wald war für die Entwicklung der Prüfeinrichtung verantwortlich. Mit grossem Einsatz hat er auch die Versuche durchgeführt und ausgewertet. Die Abfassung des Berichts erfolgte durch die Herren R. Steiger (Text und Diagramme) und M. Schläfli (Photos und Zeichnungen). Herr Steiger wird die Ergebnisse der umfangreichen Zugversuche in Kürze im Rahmen weiterer IBK-Publikationen veröffentlichen.

Zürich, April 1994 Prof. Dr. M. Fontana

Inhaltsverzeichnis

1. Einleitung

1.1 Bedeutung von Zugfestigkeit und -steifigkeit

Holz zeichnet sich durch seine hohe spezifische Festigkeit parallel zur Faser aus. Diese Festigkeitswerte können jedoch infolge der Inhomogenität des Holzes erheblich streuen. Umso wichtiger ist es, die in den Konstruktionsnormen anzugebenden Rechenwerte verbindlich und möglichst exakt festzulegen.

Obwohl sich im konventionellen Holzbau vorwiegend Druck- oder Biegebelastungen ergeben, tritt doch in einigen Fällen eine Zugbelastung auf. Als wichtigste Beispiele seien erwähnt:

- Zuglamellen von Brettschichtholz
- Zugstäbe in Fachwerken
- Zugflanschen von I-Trägern

In der Verbindungstechnik bilden das Versagen des Verbindungsmittels sowie das Holzversagen global und im lokalen Anschlussbereich die Grenzwerte, welche bestimmend sind für die maximal übertragbare Kraft. Man muss also u.a. die Zugfestigkeit des Holzes in Faserrichtung kennen.

Für die Festigkeit von Brettschichtholz-Biegeträgern ist vor allem die Qualität der Zuglamellen massgebend. Sofern es sich um keilgezinkte Lamellen (Normalfall) handelt, ist die Festigkeit der Keilzinkung, unter der Voraussetzung, dass diese unter optimalen Bedingungen (Leimart, -auftrag, Pressdruck, -zeit) hergestellt wurde, wiederum direkt abhängig von der Holzqualität im Verbindungsbereich. Zur Voraussage der zu erwartenden Biegeträger-Festigkeit bzw. zu deren Optimierung, sollten daher die Materialeigenschaften der einzelnen Lamellen bekannt sein. Das Versagen eines BSH-Trägers unter Biegebelastung wird meistens durch einen Bruch der Lamellen auf der Zugseite eingeleitet. Da diese Lamellen praktisch ausschliesslich unter einer reinen Zugbeanspruchung stehen, sind Qualitätskontrollen an den Lamellen sinnvollerweise als Zugversuche durchzuführen und haben dann eine bedeutend bessere Aussagekraft als die leider immer noch weit verbreiteten Biegeversuche.

1.2 Frühere Versuche

Obwohl die Bedeutung von Zugversuchen bereits frühzeitig erkannt wurde, waren Zugversuche im Vergleich etwa zu Biegeversuchen lange Zeit nur äusserst schwierig durchzuführen. Probleme bereitete vor allem die Einleitung der grossen Kräfte in die Zug-Probekörper zur Ermittlung der Holzfestigkeit. Diese Schwierigkeit verstärkte sich noch, wenn man qualitativ hochwertiges Material testen wollte.

Dies hat dazu geführt, dass man einerseits Zugversuche stets lediglich unter bestimmten einschränkenden Bedingungen durchführen konnte (kleine Querschnitte, Material mit gösseren Strukturstörungen, etc.) und dass sich die Normung mangels aussagekräftiger Zugfestigkeits- und -steifigkeitswerte damit behalf, diese aus den Biegewerten abzuleiten. Die dabei verwendeten Umrechungsfaktoren wurden häufig mittels Versuchen an fehlerfreien Kleinproben bestimmt.

1.3 Versuche an strukturstörungsfreien Kleinproben

Das Krafteinleitungproblem wird dadurch gelöst, dass man die Holzproben im eigentlichen Prüfbereich konisch abarbeitet. Auf diese Weise wird der Bruch gewissermassen in die Prüfzone hinein gezwungen, da der Holzquerschnitt im Einspannbereich deutlich grösser ist als in der Mittelzone (Bild 1.1). Die solchermassen aus Versuchen an Kleinproben erhaltenen Werte sind aus folgenden Gründen nicht sehr aussagekräftig:

- Die sich aus den fehlerfreien, parallelfasrigen Proben ergebenden Zugfestigkeitswerte übertreffen die im Bauholz wirklich vorhandene Zugfestigkeit erheblich (Bild 1.2).
- Infolge der konischen Bearbeitung der Proben sind einzelne Holzfasern angeschnitten, was die Zugfestigkeit reduziert.
- Die im Bereich von Ästen oder in Zonen gestörten Faserverlaufes zu erwartenden mehrachsigen Spannungszustände sind nicht erfassbar.
- Der Einfluss der Lagerung des Probekörpers auf die Zugfestigkeit (eingespannt, gelenkig) kann nicht analysiert werden, da infolge der extremen Steifigkeitunterschiede zwischen Klemm- und Prüfzone praktisch immer von einer Einspannung ausgegangen werden muss.

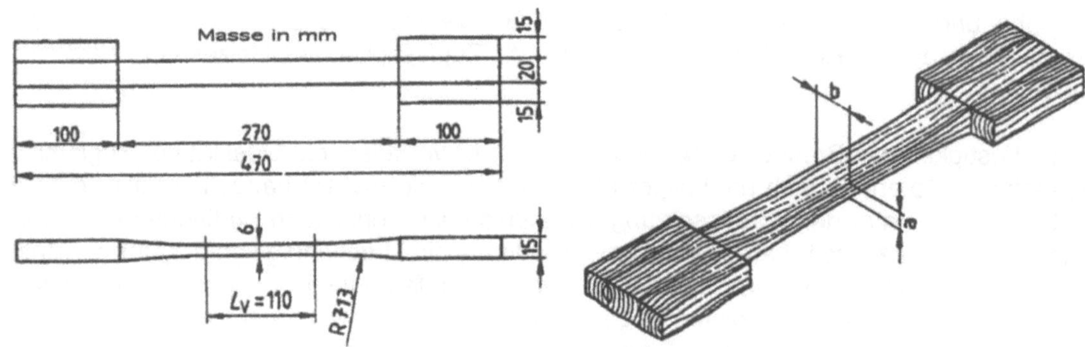

Bild 1.1: Zugprobe gemäss DIN 52188 [5]

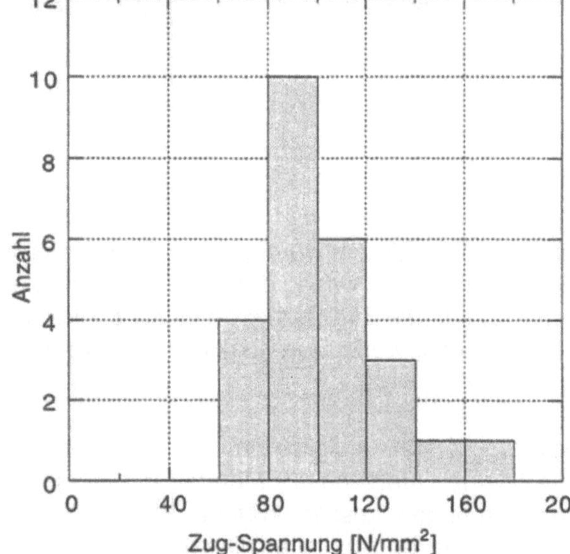

Werte	25
Mittelwert	103 N/mm²
Standardabweichung	24 N/mm²
Variationskoeffizient	0.23
Maximum	171 N/mm²
Minimum	71 N/mm²
5%-Fraktile (LNV)	71 N/mm²

Bild 1.2: Zugfestigkeit von Fichtenholz bestimmt an Normproben gemäss DIN 52188 [3]

1.4 Versuche an Proben in Bauteilgrösse

Aus den Überlegungen in den vorangehenden Abschnitten lässt sich ableiten, dass die im Bauholz effektiv vorhandene Zugfestigkeit nur mittels Versuchen an Proben in Bauteilgrösse zuverlässig bestimmt werden kann. Die Einleitung der erforderlichen Zugkräfte kann entweder über Kontakt direkt (Reibung) oder mittels mechanischen Verbindungsmitteln erfolgen. Bei der Einleitung von Kräften über Reibung muss man beachten, dass die Querdruckfestigkeit von Holz gering ist, was dazu führt, dass die Einspannkonstruktionen sehr rasch beachtliche Längen erreichen können.

Krafteinleitungen mittels mechanischen Verbindungsmitteln (Ringdübel, Passbolzen, Bauschrauben, Nagelplatten etc.) haben den Nachteil, dass sie einerseits sehr aufwendig in der Herstellung sind und dass sie anderseits (was viel gravierender ist) die Probe im Einspannbereich schwächen. Dies führt vor allem bei qualitativ gutem Material zu einer Häufung von Brüchen in der Einspannstelle und damit zu einer Unterschätzung der Zugfestigkeit der Probe.

Eine oft realisierte Form des Zugversuches besteht darin, analog zu den Kleinproben, die Versuchskörper im Bereich der Prüfzone zu verjüngen. Um diese Verjüngung nicht allzu ausgeprägt vornehmen zu müssen, behilft man sich dadurch, dass man die Einspannköpfe verstärkt (z.B. mittels Aufleimen von Buchen-Sperrholz) (Bild 1.3). Auf diese Weise erreicht man als günstigen Nebeneffekt auch eine bessere Aufnahme der Querdruckspannungen aus dem Klemmdruck. Die vorgängig bereits erwähnten Nachteile bleiben jedoch grösstenteils erhalten. Einzig die grösseren Abmessungen der Probe wirken sich positiv auf die Aussagekraft der gewonnen Bruchwerte aus.

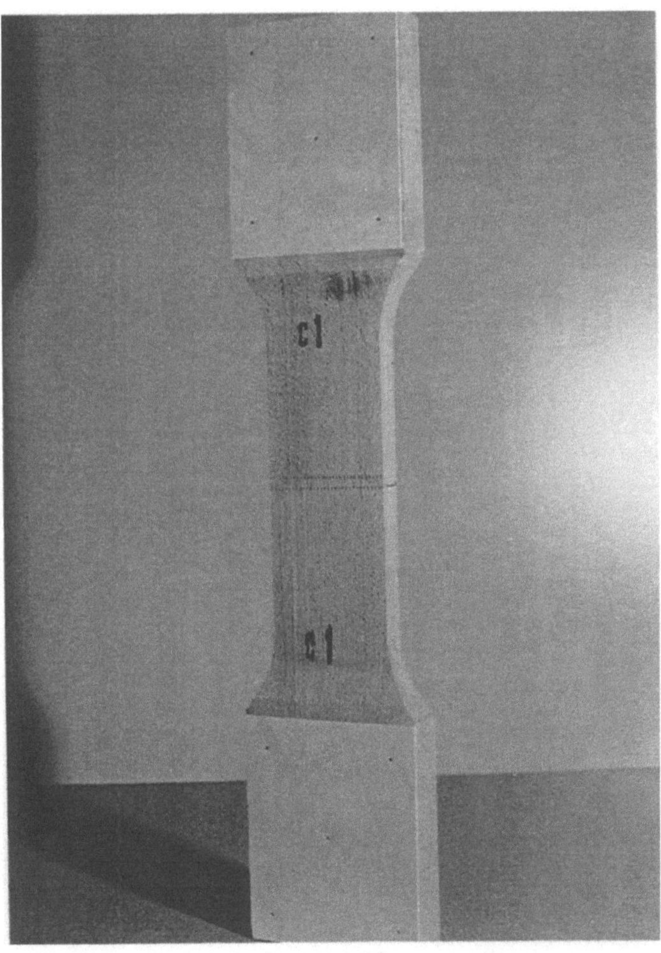

Bild 1.3: Verjüngung der Probe in der Prüfzone, Verstärkung des Einspannbereichs

Vor allem in Nordamerika [13], [14], [15], [16], [18], [19] und in Deutschland [9] sind grosse Anstrengungen zur Lösung des Problems der Krafteinleitung unternommen worden. Im Verlaufe dieser Versuchsreihen wurden die verschiedensten Methoden angewandt:

- Krafteinleitung über Reibung mittels profilierten Stahlplatten
- Verjüngung der Proben in der Prüfzone (Bild 1.3)
- Krafteinleitung über mechanische Verbindungsmittel (Bilder 1.4 und 1.5)
- Verstärkung der Einspannzonen (mittels Leim, Kunststoffen oder Holzwerkstoffen)

In den USA werden durch die Firma METRIGUARD Zugprüfmaschinen für Labor- und für industrielle Zwecke hergestellt. Die Prüfmaschinen sind allerdings auf die in Amerika hauptsächlich verwendeten Brettquerschnitte ausgerichtet. Der zur Prüfung von Kantholz am ehesten geeignete TENSION PROOF TESTER 422 [17] hat folgende Kenndaten:

Maximale Prüfkörperdicke:	70	mm
Maximale Prüfkörperbreite:	300	mm
Maximale Zugkraft:	890	kN
Verhältnis Zugkraft/Klemmkraft:	1.22	
Einspannlänge:	585	mm
Freie Prüflänge:	4320	mm
Gewicht der Machine:	2.9	t
Preis (1993):	50000	$

Eine Prüfung von Kantholz-Querschnitten 8/16 und 10/16, wie sie in der Schweiz häufig verwendet werden, ist also aufgrund der beschränkten Prüfkörperdicke von 70 mm nicht möglich.

Bild 1.4: Krafteinleitung mittels Ringdübeln, Probe verjüngt [9]

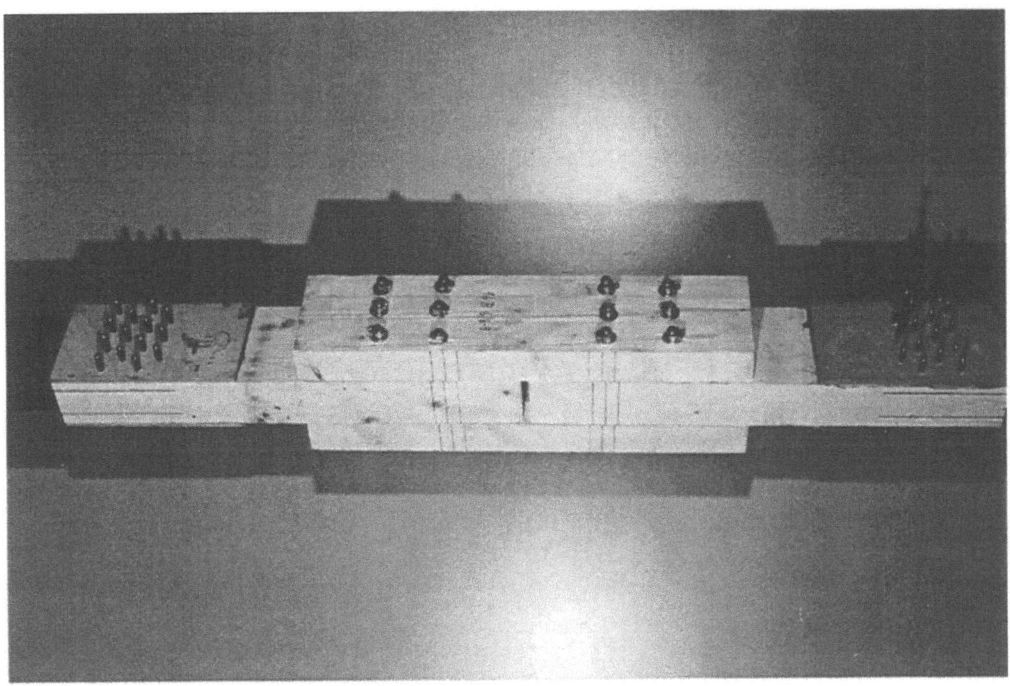

Bild 1.5: Krafteinleitung mittels mechanischen Verbindungsmitteln

1.5 Entwicklung einer Einspannvorrichtung für Zugversuche

Auch am Institut für Baustatik und Stahlbau der ETH Zürich wurden Zugversuche unter Anwendung der vorgängig beschriebenen Techniken durchgeführt. Trotz versuchter Optimierung dieser Techniken stellten die aufwendige Probenherstellung (Verjüngung, Verstärkung des Einspannbereiches) sowie eine Häufung von Brüchen im Klemmbereich eine vermehrte Durchführung von Zugversuchen in Frage. Die Problematik der Krafteinleitung konnte bis anhin nie befriedigend gelöst werden, da einerseits die Spannbacken der an der ETH Zürich eingesetzten nicht für Holzversuche ausgelegten Universalprüfmaschine SCHENCK 1600 kN (Bild 1.6) flächenmässig zu klein waren und anderseits die Dosierung der Spannkraft nur ungenau möglich war. Dies zeigte sich darin, dass die Proben entweder unter einer zu grossen Querlast gequetscht wurden, oder dass sich bei zu geringer Klemmkraft vor Erreichen der Bruchkraft ein Gleiten in der Einspannzone einstellte.

Es gibt auch Zugprüfmaschinen, die besser auf Holzversuche ausgerichtet sind. Die Spannbakken sind keilförmig und gewährleisten eine mit der eingeleiteten Zugkraft proportional ansteigende Klemmkraft (Bild 1.7). Bei qualitativ gutem Holz besteht allerdings immer noch die Gefahr, dass infolge der zu kleinen Lasteinleitungsfläche die Proben in der Einspannstelle zerdrückt werden (Bild 1.8).

Im Jahr 1989 fasste man am Institut für Baustatik und Stahlbau der ETH Zürich den Entschluss, eine Einspannvorrichtung zur Durchführung von Zugversuchen in Bauteilgrösse auf der vorhandenen Universalprüfmaschine SCHENCK zu entwickeln. Diese Einspannvorrichtung sollte möglichst kompakt sein und es ermöglichen, Fichtenkantholz bis zu einem maximalen Querschnitt von 120 x 200 mm zu prüfen. Die Einspannvorrichtung sollte einfach in die Universalprüfmaschine einbaubar sein und die Klemmvorrichtung war so auszulegen, dass auch grössere Versuchsserien mit vernünftigem Zeitaufwand durchgeführt werden konnten. Man wollte in jedem Fall von einer aufwendigen Bearbeitung der Prüfkörper absehen. Im Hinblick auf eine Anwendung in der Praxis zur Qualitätsprüfung von Keilzinkenverbindungen waren auch Lasteinleitungen zu untersuchen, welche möglichst ohne Zerstörung der Oberfläche, allerdings bei deutlich tieferem Lastniveau, auskamen. Die Entwicklungsarbeit gliederte sich in die nachfolgend detailliert beschriebenen drei Teilschritte:

- Reibungsversuche zur Optimierung der Krafteinleitung (allenfalls zerstörungsfrei)
- Untersuchung der Haupteinflussgrössen an einem Prototypen
- Konstruktion einer für grössere Versuchsserien geeigneten Einspannvorrichtung

Bild 1.6: Standard-Klemmbacken der Universalprüfmaschine SCHENCK 1600 kN

Bild 1.7: Keilförmige Spannbacken gewährleisten die Proportionalität zwischen Zug- und Klemmkraft

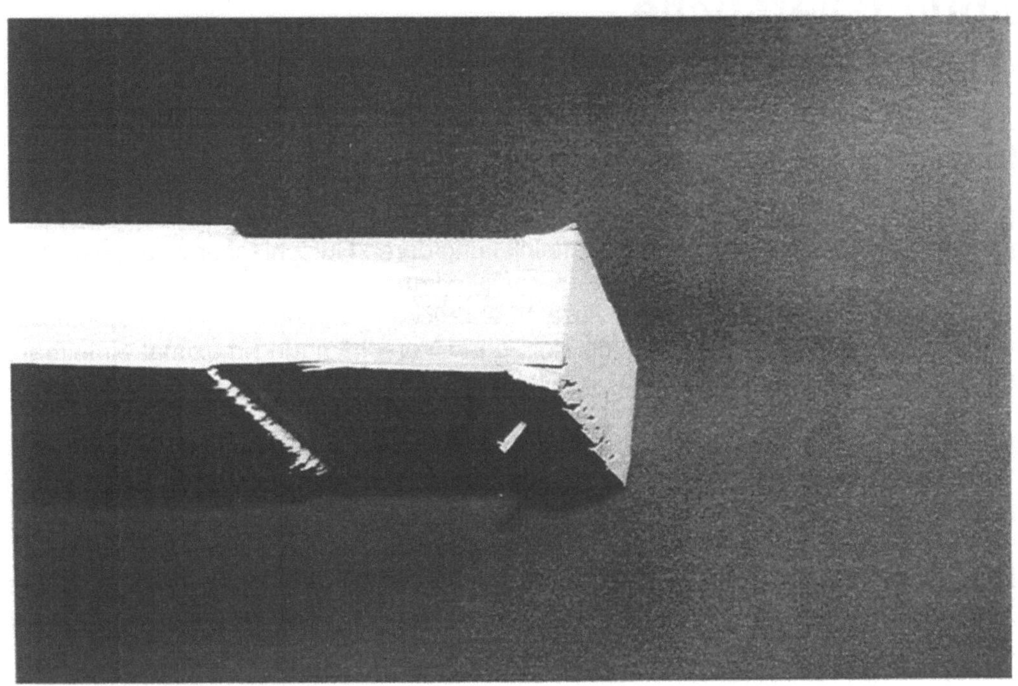

Bild 1.8: Zugprobe mit deutlicher Quetschung im Einspannbereich

2. Reibungsversuche

2.1 Zielsetzung

Ziel der Versuche war die Entwicklung einer Krafteinleitung deren Rutschlast grösser sein sollte als die zu erwartende Zugfestigkeit im Prüfkörper. Die Klemmkraft musste dabei so limitiert sein, dass die Probe nicht infolge zu grosser Zusammendrückung vorzeitig in der Einspannstelle brach, was bedeutete, dass vorerst die ins Holz ohne Vorschädigung maximal einleitbare Querdruckspannung zu bestimmen war.

Primär sollte die Einspannvorrichtung für die Prüfung von Fichtenholz verwendet werden. Trotzdem sollte auch die Prüfung von Harthölzern (Eiche, Buche, Kastanie) bereits in der Entwicklungsarbeit berücksichtigt werden.

Für die spätere Anwendung in der Qualitätsprüfung von Keilzinkenverbindungen während des Herstellungsprozesses waren auch Möglichkeiten zu untersuchen, wie man die Zugkraft in die Probe einleiten kann, ohne die Holzoberfläche zu zerstören.

2.2 Maximal einleitbare Klemmkräfte

Die in das Holz einleitbare Kraft ist direkt proportional zur aufgebrachten Klemmkraft und zur Haftreibungseigenschaft der aufeinandertreffenden Oberflächen. Eine sägerohe Holzoberfläche ist aus diesem Grund eigentlich ideal, da die Oberflächenrauhigkeit gösser ist als bei gehobelten Flächen. Trotzdem kommt man nicht darum herum, die Oberflächen zu hobeln, denn nur durch eine absolute Parallelität der Oberflächen ist eine gleichmässige Verteilung der Klemmkraft und damit eine optimale Ausnutzung der gesamten Krafteinleitungsfläche zu erwarten.

Die Querdruckfestigkeit des Holzes ist im Vergleich zu den Festigkeiten parallel zur Faser deutlich geringer. Bereits bei relativ kleinen Spannungen treten grössere Eindrückungen auf. Aufgrund der direkten Proportionalität von Klemmkraft und Zugkraft in der Probe sind zwar möglichst grosse Klemmkräfte wünschenswert, was aber eine erhöhte Gefahr von Einspannbrüchen mit sich bringt. Es müssen also im Verlauf der Vorversuche die für jede Holzart optimalen Klemmdrücke ermittelt werden. Die Querdruckfestigkeit ist jedoch nicht allein abhängig von der Holzart, sondern auch von der Dichte und der Jahrringstellung der zu prüfenden Probe. Da die mechanischen Eigenschaften des Holzes sehr gut mit der Dichte korrelieren, sind bei schwererem Material nicht nur grössere Zugfestigkeiten und -steifigkeiten, sondern auch eine grössere Querdruckfestigkeit zu erwarten. Dies bedeutet, dass es sinnvoll ist, vor dem Zugversuch die Dichte des Materials (und allenfalls die Ultraschallgeschwindigkeit [23], [24]) zu bestimmen, um auf diese Weise einen Anhaltspunkt über die zu erwartenden Zugkäfte und die daraus erforderlichen, bzw. maximal zulässigen Klemmkräfte zu erhalten.

2.2.1 Querdruckfestigkeiten von Holz

Eine *elastische* Querdruckfestigkeit ist nicht vorhanden. Bereits bei geringer Belastung treten grössere bleibende Verformungen auf. Die Holzmasse wird dabei zusammengepresst und dadurch verdichtet, wobei sich eine Verfestigung einstellt. Massgebend für die Bemessung ist daher nicht die absolute Druckfestigkeit, sondern der Festigkeitswert entsprechend der Quetschgrenze oder entsprechend einem festgelegten Anteil der totalen Verformungen von z.B. 1%. Die Druckfestigkeit senkrecht zur Faser hängt ab von:

- den geometrischen Abmessungen (Querdruck, Schwellendruck, Stempeldruck)
- der Holzart
- der Holzfeuchte
- der Darrdichte
- dem Winkel zwichen Kraft- und Jahrringrichtung

Ausgehend von den in der SIA164 [22] angegebenen zulässigen Werten für die Querdruckspannung σ_{zul} kann man durch Multiplikation mit 2.25 einen ersten Anhaltspunkt für die auf Bruchniveau zu erwartenden Querdruckspannungen $f_{c,90,k}$ erhalten (5%-Fraktilwert):

Querdruck [N/mm²]	Nadelholz		Laubholz	
	σ_{zul}	$f_{c,90,k}$	σ_{zul}	$f_{c,90,k}$
ohne Vorholz $\sigma_{d\perp}$	1.2	2.7	3.5	7.9
mit Vorholz $\sigma_{d\perp}$ 1)	1.6 - 2.0	3.6 - 4.5	4.5	10

1) Das Vorholz muss beidseitig mindestens 100 mm betragen. Andernfalls ist mit dem Wert ohne Vorholz zu rechnen.

In der EURONORM EN 338 [2] wird nicht mehr direkt unterschieden zwischen Nadelholz und Laubholz. Man findet unter Annahme entsprechender Darrdichte-Mittelwerte folgende charakteristischen Werte (5%-Fraktilen) für die Querdruckfestigkeit:

Holzart	Mittelwert der Darrdichte [kg/m³]	$f_{c,90,k}$ [N/mm²]
Fichte / Tanne	400	5
Eiche / Buche	650	8
Douglasie	470	6
Kastanie	560	7

An der Eidgenössischen Materialprüfungs- und Versuchsanstalt für Industrie, Bauwesen und Gewerbe in Zürich (heute: EMPA Dübendorf) ist 1952 ein Bericht über den Einfluss von Wassergehalt, Raumgewicht, Faserstellung und Jahrringstellung auf die Festigkeit und Verformbarkeit Schweizerischen Fichten-, Tannen-, Lärchen-, Rotbuchen- und Eichenholzes erschienen [12]. In diesem Bericht findet man Angaben über Querdruckfestigkeiten mit und ohne Vorholz in Abhängigkeit der Jahrringstellung (Winkel ψ). Die für die Versuche massgebenden Parameter zeigt Bild 2.1:

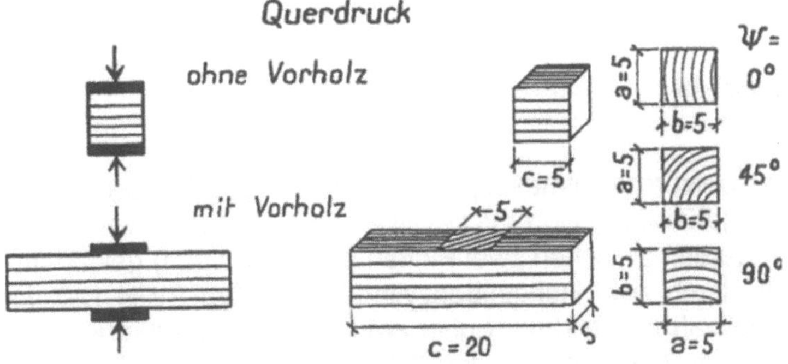

Bild 2.1: Bestimmung der Querdruckfestigkeit mit und ohne Vorholz (EMPA 1952) [12]

Je nach Darrdichte ergeben sich (z.T. durch lineare Interpolation aus den Diagrammen) die folgenden Mittelwerte der Druckfestigkeit ohne Vorholz für eine Holzfeuchte von w = 12%:

Holzart	Mittelwert der Darrdichte [kg/m³]	$f_{c,90}$ ohne Vorholz [N/mm²]		
		$\psi = 0°$	$\psi = 45°$	$\psi = 90°$
Fichte	400	5.6	2.4	4.2
Tanne	400	5.0	2.4	3.0
Eiche	650	8.8	8.6	10.2
Buche	650	8.6	8.2	12.8

Die Druckfestigkeit mit Vorholz liegt zum Teil deutlich höher:

Holzart	Mittelwert der Darrdichte [kg/m³]	$f_{c,90}$ mit Vorholz [N/mm²]		
		$\psi = 0°$	$\psi = 45°$	$\psi = 90°$
Fichte	400	6.3	4.5	6.0
Tanne	400	5.8	3.8	4.4
Eiche	650	12.2	-	15.9
Buche	650	15.8	13.5	19.8

Die Reibungsversuche wurden mit folgende Querdruckspannungen durchgeführt:

Holzart	$\sigma_{d\perp}$ [N/mm²]
Fichte	2 - 4 [1)]
Eiche / Buche	8
Kastanie	6

1) abhängig von der Darrdichte

2.3 Reibungsversuche

2.3.1 Versuchsaufbau und -ablauf

Die Versuche wurden auf der Universalprüfmaschine SCHENCK 1600 kN der Eidg. Technischen Hochschule Zürich durchgeführt. Die Holzstücke mit einem Querschnitt von 50 x 180 mm und einer Länge von 200 mm wurden zwischen zwei Platten (200 x 200 mm) geklemmt. Die erforderliche Klemmkraft wurde durch zwei Hohlkolbenzylinder vom Typ RWH-120 der Firma ENERPAC [7] mit einer Maximalkraft von je 120 kN über zwei Gewindestangen der Festigkeitsklasse 8.8 mit einem Durchmesser von 16 mm in die Platten eingeleitet. Der konstant zu haltende Druck wurde mittels einer hydraulischen Handpumpe aufgebracht.

Die anfänglich ca. 2 cm überstehende Holzpobe wurde unter dem gleichmässig gesteigerten Druck der Universalprüfmaschine mit einer Belastungsgeschwindigkeit von 1 mm/min. (Wegsteuerung) zwischen den Klemmplatten hinuntergedrückt. Für jede Probe wurde die Darrdichte bestimmt und ein Kraft-Verschiebungsdiagramm aufgezeichnet, um nachträglich die maximal erreichte Last (Haftreibung) und die Gleitlast (Gleitreibung) ermitteln zu können. Durch Auswechseln der Klemmplatten konnten auf einfache Weise die Reibungseigenschaften verschiedener Materialien und Oberflächenbearbeitungen auf Holz getestet werden.

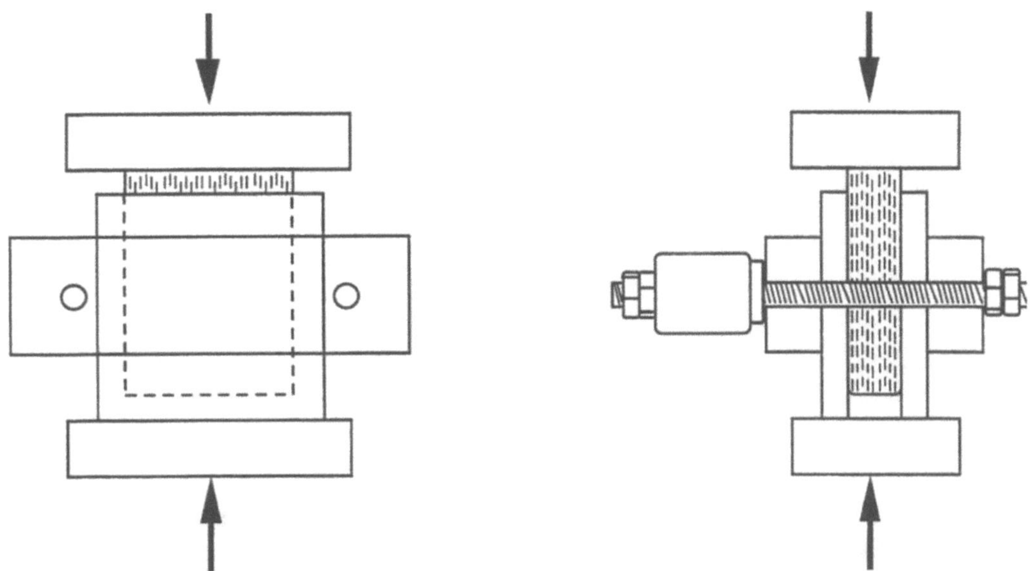

Bild 2.2: Versuchseinrichtung für Reibungsversuche (Prinzipskizze)

2.3.2 Probekörper

Im Hinblick auf die Entwicklung der Zug-Prüfeinrichtung für Fichten-Kantholz bildeten die Reibungsversuche an Fichtenholz das Schwergewicht. Nach Ermittlung der zur Krafteinleitung optimal geeigneten Oberflächenstruktur wurden zusätzlich aber auch Versuche mit Buchen-, Eichen- und Kastanienholz durchgeführt. Tabellen mit Abmessungen und Darrdichten der Probekörper befinden sich im Anhang 1.

Die Querdruckspannung wurde bei Fichtenholz zwischen 2 und 4 N/mm^2 variiert, bei den Harthölzern jedoch konstant gehalten (Eiche und Buche: 8 N/mm^2, Kastanie: 6 N/mm^2)

Es wurden folgende Materialien bzw. Oberflächenbearbeitungen auf ihre Reibungseigenschaften geprüft:

- Aluminium (AlMgSi1, anticorodal), blank poliert
- Aluminium sandgestrahlt, geringe Rauhigkeit (Bild 2.4)
- Aluminium sandgestrahlt, erhöhte Rauhigkeit
- Stahl sandgestrahlt, erhöhte Rauhigkeit
- Flachfeile kreisbogenverzahnt mit 12 Hieben pro Zoll (Bild 2.3)
- Flachfeile kreisbogenverzahnt mit 12 Hieben pro Zoll und senkrechten Zusatzhieben (Bild 2.3)
- Flachstumpffeile mit Halbschlichthieb (Bild 2.3)
- Polyurethan-Elastomer VULKOLLAN® in den Shore-Härten 80 und 92 [1)] (Bild 2.5)
- Anti-Rutschmatte aus Kunststoff, wie sie an Elektro-Arbeitsplätzen verwendet wird

1) VULKOLLAN® wird z. B. im Fahrzeugbau zur Herstellung von Kupplungsscheiben eingesetzt [1].

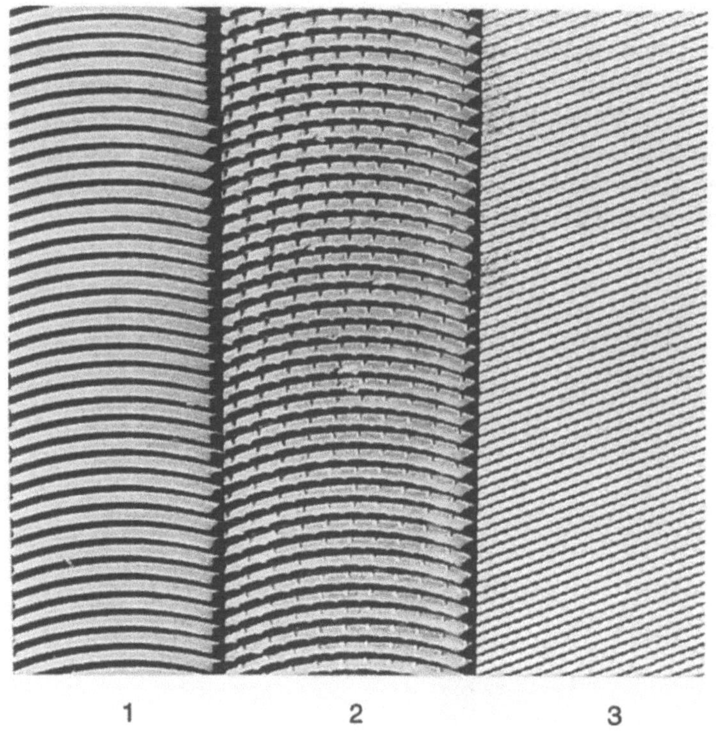

Bild 2.3: *1: Kreisbogenverzahnte Flachfeile mit 12 Hieben pro Zoll (Typ A)*
2: Kreisbogenverzahnte Flachfeile mit 12 Hieben pro Zoll und senkrechtem Zusatzhieb (Typ B)
3: Flachstumpffeile mit Halbschlichthieb (Typ C)

2.3.3 Resultate

Die wichtigsten Versuchsresultate sind nachfolgend tabelliert. Die Kraft-Verschiebungsdiagramme von sämtlichen Versuchen, sowie weitere Angaben befinden sich im Anhang 1.

Material / Oberfläche	Holzart	Darr-dichte [kg/m³]	Querdruck-spannung $\sigma_{d\perp}$ [N/mm²]	Schubspannung aus Haftreibung τ_{max} [N/mm²]	$\frac{\tau_{max}}{\sigma_{d\perp}}$ [1]
Aluminium poliert	Fichte	481	2	0.4	0.2
			3	0.6	0.2
			4	0.7	0.2
Aluminum sandgestrahlt (geringe Rauhigkeit)	Fichte	481	2	1.2	0.6
			3	1.4	0.5
			4	1.9	0.5
Aluminium sandgestrahlt (erhöhte Rauhigkeit)	Fichte	481	2	1.5	0.7
			3	1.6	0.5
			4	1.9	0.5
Stahl sandgestrahlt (erhöhte Rauhigkeit)	Fichte	479	3.4	2.3	0.7

[1] Wirkungsgrad: entspricht für glatte Oberflächen ohne Verzahnung der Haftreibungszahl μ_0

Material / Oberfläche	Holzart	Darr-dichte [kg/m³]	Querdruck-spannung $\sigma_{d\perp}$ [N/mm²]	Schubspannung aus Haftreibung τ_{max} [N/mm²]	$\frac{\tau_{max}}{\sigma_{d\perp}}$ 1)
VULKOLLAN® SH 92 2)	Fichte	423	2.1	1.1	0.5
			3.2	1.7	0.5
VULKOLLAN® SH 80 2)	Fichte	423	3.2	1.4	0.5
Werkstattfeile Typ A	Fichte	481	3	6.3	2.1
Werkstattfeile Typ B	Fichte	481	3	5.4	1.8
Werkstattfeile Typ C	Fichte	481	3	3.9	1.3

1) Wirkungsgrad: entspricht für glatte Oberflächen ohne Verzahnung der Haftreibungszahl μ_0

2) SH = Shore-Härte

Mit den sandgestrahlten Platten wurden nur geringe Schubspannungen aus Haftreibung erzielt. Der Grund lag einerseits darin, dass die Oberflächenrauhigkeit zu gering war und anderseits wirkte sich nach den ersten Versuchen ein gewisser Verschmutzungseffekt negativ auf die weiteren Versuchsresultate aus (Bild 2.7). Deutlich war dies aus den Haftreibungszahlen ersichtlich, welche sich bei jedem Versuch verschlechterten. Eine kleine Versuchsserie von vier Reibungsversuchen mit der gleichen sandgestrahlten Aluminiumplatte (erhöhte Rauhigkeit) hatte nach anfänglicher Haftreibungszahl von $\mu_0 = 0.63$ ein Absinken derselben bis auf $\mu_0 = 0.48$ gezeigt. Erst nachdem die Platte gereinigt worden war, konnte der Haftreibungskoeffizient wieder auf 0.62 erhöht werden. Neben dem Verschmutzungseffekt zeigte sich mit zunehmender Versuchsanzahl auch eine gewisse Abnutzung, was darauf schliessen liess, dass eine harte Oberfläche vorteilhaft ist.

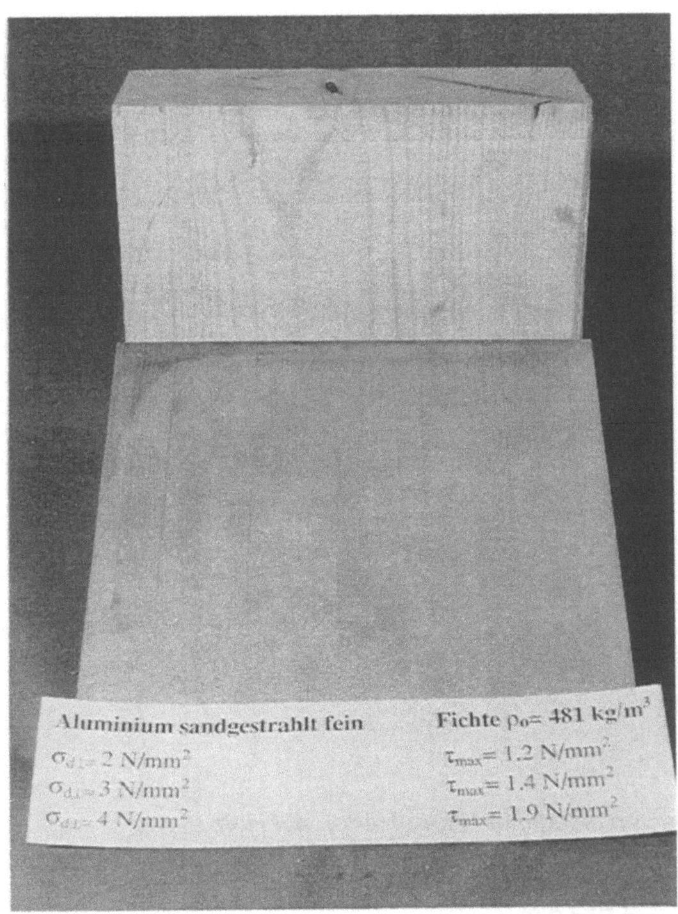

Bild 2.4: Reibungsversuche: Sandgestrahlte Aluminiumplatte auf Holz

Die Klemmkraft hatte bei den sandgestrahlten Platten keinen nachweisbaren Einfluss auf die erzielte Reibwirkung, da der Einfluss der Oberflächenverschmutzung dominierte (Bild 2.7). Immerhin konnte man feststellen, dass selbst bei einer aufgebrachten Querdruckspannung von 4 N/mm^2 die Eindrückungen in der Probe (Darrdichte = 481 kg/m^3) maximal 0,5 bis 1 mm betrugen, was bei einer Probendicke von 80 mm ca. 1% entspricht. Dies bedeutet, dass man bei sehr dichtem Fichtenholz sogar eine Querdruckspannung von 5 N/mm^2 aufbringen könnte.

Im Hinblick auf eine Zug-Prüfung von keilgezinkten BSH-Lamellen sollte die Einspannung der Probekörper möglichst ohne lokale Zerstörung der Oberfläche erfolgen. Eine Krafteinleitung mittels Kunststoffen, wie sie im Apparatebau beispielsweise für Kupplungsscheiben eingesetzt werden [1], sollte dies ermöglichen. Die Versuche erfüllten zwar die Erwartungen bezüglich Schonung der Holzoberfläche, zeigten jedoch infolge zu geringer Eigensteifigkeit des Kunststoffes nur niedrige Schubspannungswerte aus Haftreibung. Eine Erhöhung der Shore-Härte wirkte sich günstig auf die Steifigkeit aus. Allerdings wurden dadurch die Reibungseigenschaften negativ beeinflusst (Bild 2.5). Die Versuche mit der Anti-Rutschmatte mussten abgebrochen werden, da diese zwar eine sehr gute Haftreibung besass, sich jedoch infolge zu geringer Eigen-Schubsteifigkeit jeglicher Lastaufnahme entzog.

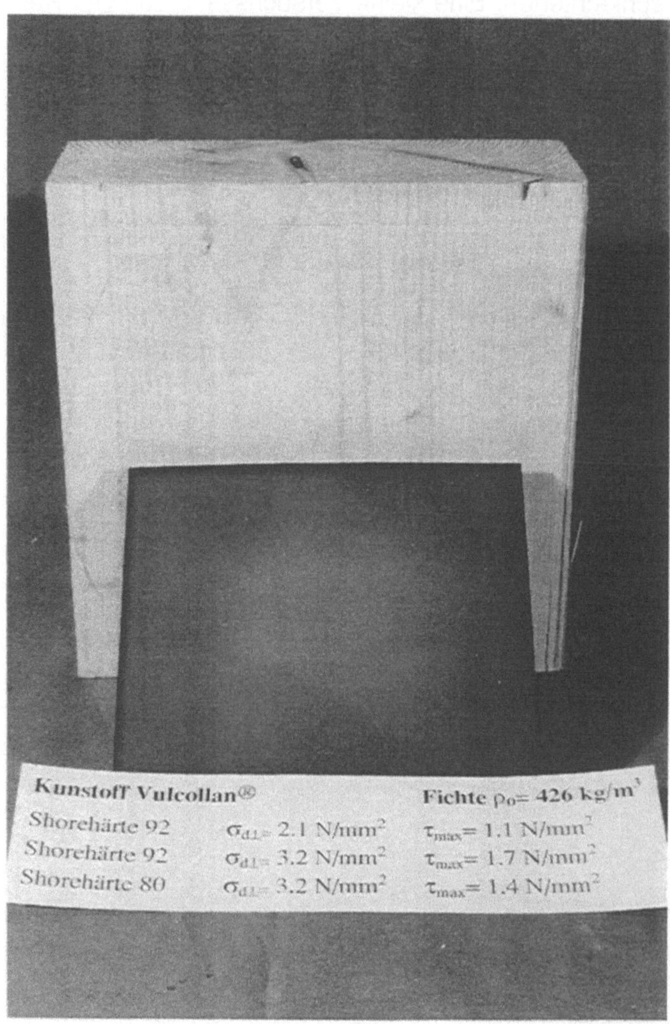

Bild 2.5: Reibungsversuche: Kunststoffe verschiedener Shore-Härten auf Holz

Der Maximalwert der Schubspannung auf Fichtenholz wurde mittels einer kreisbogenverzahnten Werkstattfeile (Bild 2.3, Feile Typ A und Bild 2.6) erreicht.

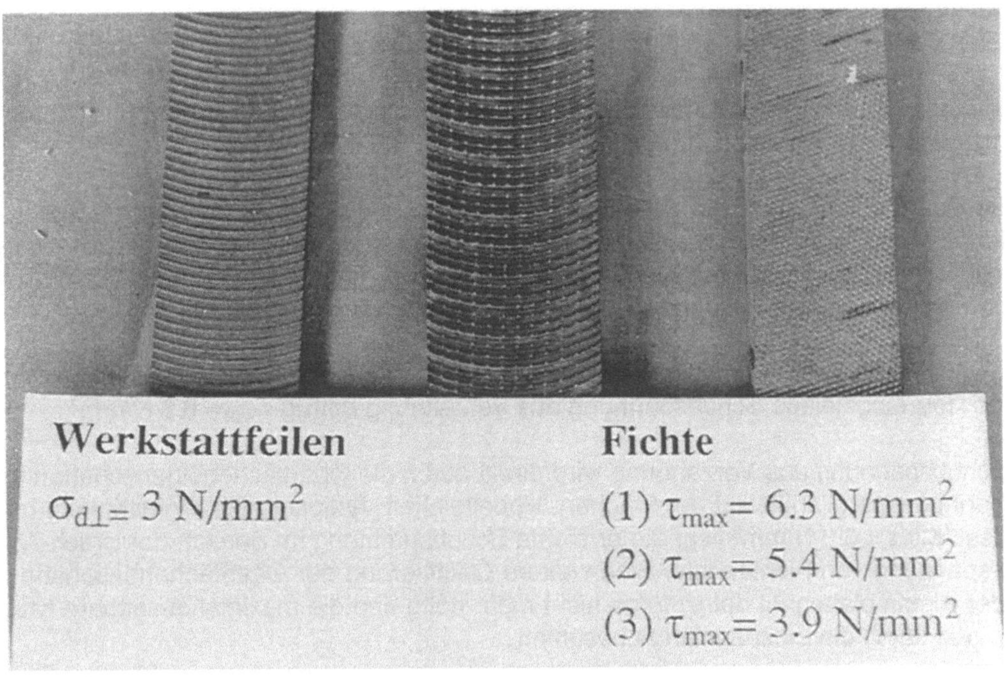

Bild 2.6: Reibungsversuche: 3 verschiedene Werkstattfeilen auf Holz

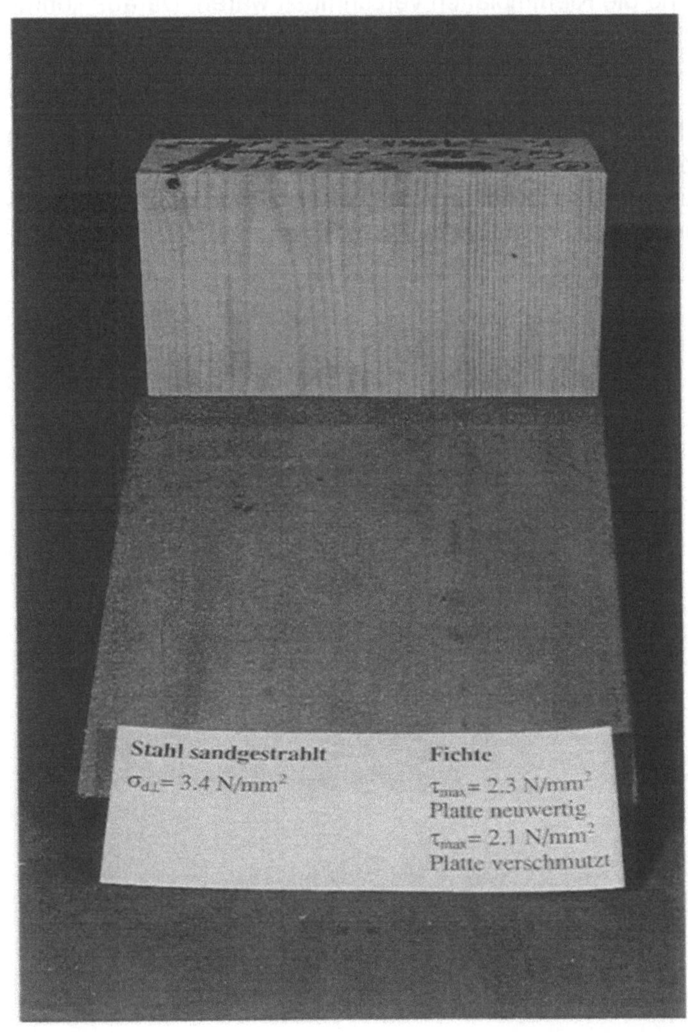

Bild 2.7: Einfluss der Plattenverschmutzung auf die Reibung

2.4 Schlussfolgerungen

Die wichtigsten Erkenntnisse aus den Reibungsversuchen waren:

1. Die maximal aufbringbare Querdruckspannung ohne Quetschgefahr betrug für Fichtenholz mit einer Darrdichte von 420 bis 480 kg/m³ $\sigma_{d\perp}$ = 3.5 bis 4 N/mm².

   Da die Querdruckfestigkeit vor allem von der Darrdichte des Holzes, also von der Holzqualität abhängig ist, sollte man jeweils vor dem Zugversuch die Darrdichte und allenfalls auch die Ultraschallgeschwindigkeit [23], [24] bestimmen, um so einen Anhaltspunkt über die zu erwartende Querdruckfestigkeit und die Bruchlast zu erhalten.

2. Die höchsten Reibwiderstände wurden mit der kreisbogenverzahnten Flachfeile erzielt. Die ins Holz eingeleitete Schubspannung aus Verzahnung betrug τ_{max} = 6.3 N/mm².

   Die Schubspannung aus Verzahnung wird direkt durch die Oberflächeneigenschaften im Einspannbereich (Parallelität der Flächen, Hobelfeinheit, Astigkeit, Schrägfasrigkeit) beeinflusst. Mit τ = 6.3 N/mm² liegt die erreichte Schubspannung im Bereich der Bruch-Abscherspannung von Fichtenholz. Eine weitere Optimierung der Oberflächenbeschaffenheit der Klemmplatten ist demzufolge nicht mehr nötig und die maximal einleitbare Kraft wird direkt durch die Einspannlänge bestimmt.

3. Die maximal eingeleitete Kraft lag deutlich über der Gleitlast. Nach Eintreten des Gleitens konnte man auch unter erhöhtem Querdruck die Reiblast nicht mehr steigern, da die Holzoberfläche lokal abscherte und die Klemmplatten verschmutzt waren. Daraus konnte man schliessen, dass bei einem Zugversuch das Gleiten durch Aufbringen einer genügend grossen Klemmkraft auf jeden Fall verhindert werden müsste.

4. Die Forderung nach Einleitung hoher Kräfte und nach Schonung der Oberfäche waren nur bedingt miteinander vereinbar. Daraus war zu folgern, dass die Entwicklungen von Einspannvorrichtungen für Zugversuche an Kantholz und von Prüfmaschinen zur Qualitätskontrolle von Keilzinkenverbindungen separat erfolgen mussten.

3. Einspannvorrichtung: Prototyp

Aus den Resultaten der Reibungsversuche kann man leicht erkennen, dass es nicht möglich ist, eine Einspannvorrichtung zu konstruieren, welche universell einsetzbar ist. Insbesondere kann man kaum gleichzeitig verlangen, dass grosse Kräfte eingeleitet werden sollen und dies ohne Zerstörung der Oberfläche zu erfolgen hat. Wichtig ist auch die Erkenntnis, dass die Einflussgrössen auf die Krafteinleitung vielfältig sind und es daher sinnvoll ist, vorerst Erfahrungen mit einem einfachen Prototypen zu sammeln.

3.1 Massgebende Randbedingungen

3.1.1 Erkenntnisse aus den Reibungsversuchen

Die Reibungsversuche haben gezeigt, dass die Einleitung von Zugkräften in einen Holzquerschnitt über Reibung generell möglich ist. Die wichtigsten Erkenntnisse aus den Reibungsversuchen an Fichtenholz sind in Kap. 2.4 dargelegt. Als Krafteinleitungselemente sollen kreisbogenverzahnte Flachfeilen verwendet werden.

3.1.2 Anforderungen an den Prototypen

Im Sinne einer raschen und zielstrebigen Entwicklung wurden die Anforderungen an den Prototypen bezüglich Probengrösse und Bedienungskomfort nicht allzu hoch gewählt:

1. Die primär zu prüfende Holzart war Fichte / Tanne und die Probenquerschnitte sollten zwischen 3/16 und 10/16 variieren.

2. Die Püfkörperlänge hatte unter Ausnutzung der Einspannlänge der Universalprüfmaschine SCHENCK zwischen 2500 und 3500 mm zu betragen.

3. Die Klemmkraft sollte mit einfachen Mitteln, beispielsweise mittels vorgespannten Gewindestangen realisiert werden. Von einer aufwendigen hydraulischen Instrumentierung war in der ersten Phase abzusehen.

4. Die Prüfkörper sollten trotzdem auf einfache Art und Weise ein- und ausgebaut werden können.

3.2 Konstruktionsprinzip

Die Einspannvorrichtung besteht aus zwei identischen Einspannköpfen, gebildet aus je einem Klemmplattenpaar und einer Verteilplatte (Bild 3.1). Die Verteilplatte dient einerseits als Übergangsstück zur Universalprüfmaschine SCHENCK und ermöglicht anderseits die Anpassung des Klemmplattenabstandes an verschiedene Prüfkörperdicken. Die Klemmplatten sind mittels drei Gewindestangenpaaren verbunden. Nur *eine* vertikale Stangenreihe ist allerdings fest montiert. Die andern drei Stangen können einzeln entfernt werden und ermöglichen so ein einfaches Ein- und Ausbauen der Probekörper. Die Krafteinleitung in das Holz erfolgt durch sechs knapp 300 mm lange kreisbogenverzahnte Flachfeilen, welche über einen 60°-Schwalbenschwanz kraftschlüssig mit den Klemmplatten verbunden sind. Die Krafübertragung von den Klemmplatten in die Verteilplatte gewährleisten je ein Gewindestangenpaar pro Klemmplatte. Die Verbindung zwischen der Verteilplatte und den Klemmbacken der SCHENCK besteht aus einer Rundstahlstange.

Bild 3.1: Protoyp der Einspannvorrichtung

3.3 Klemmplatten

3.3.1 Krafteinleitungsfläche

Den eigentliche Krafteinleitungsbereich bilden sechs VALLORBE-Flachfeilen des Typs LQ 5390 [25]. Die Feilen sind kreisbogenverzahnt mit 12 Hieben pro Zoll und haben eine Abmessung von 30 x 278 mm. Sechs Feilen ergeben also eine maximale wirksame Krafteinleitungsfläche von 180 x 278 mm (Bild 3.2). Bei einer Grenzschubspannung von ca. 5 N/mm² (Schubbruch im Holz) können somit Zugkräfte bis zu 500 kN eingeleitet werden.

Bild 3.2: Detail Krafteinleitungsfläche

Die Kraftübertragung von den Feilen auf die Klemmplatten kann nicht mittels Schrauben oder ähnlichen Verbindungsmitteln erfolgen, da die Feilen gehärtet sind und eine nachträgliche Bearbeitung (Bohren, Fräsen etc.) nicht mehr möglich ist. Die Kraftübertragung wird durch eine Schwalbenschanz-Verbindung gewährleistet. Die Schwalbenschwänze (Bild 3.3) haben einen Winkel von 60°. Sie werden durch Abschleifen der Feilenenden hergestellt.

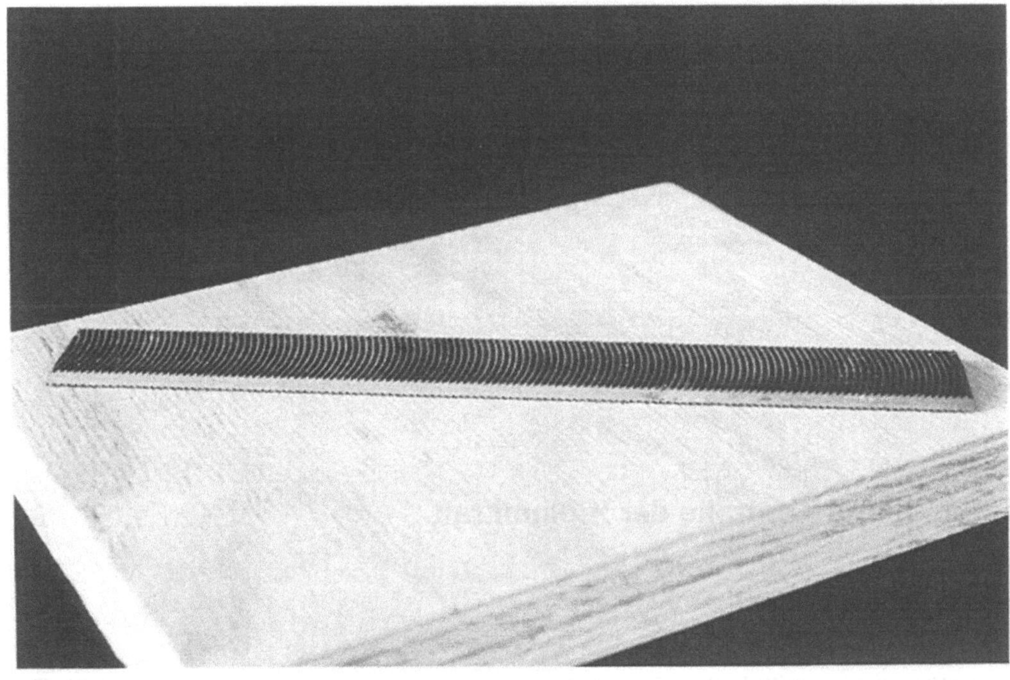

Bild 3.3: Flachfeile mit 60°-Schwalbenschwanz

3.3.2 Platten

Die Feilen sind in Platten mit den Abmessungen 300 x 380 mm aus Stahl der Qualität FeE235 (St 37) eingelassen. Die Platten haben eine Dicke von 40 mm. Zur Befestigung und Kraftübertragung zwischen Feile und Platte ist beidseitig eine 60°-Schwalbenschwanzverbindung angeordnet. Die Klemmkraft zwischen den Platten wird durch drei Gewindestangenpaare M20 aufgebracht. Eine Gewindestangenreihe ist fest montiert und eine Reihe kann entfernt werden. Dies hat zur Folge, dass in den Klemmplatten einerseits Bohrungen des Durchmessers 22 mm, anderseits aber auch U-förmige Löcher gleichen Durchmessers vorhanden sind. Die Feilen werden mittels vier Arretierschrauben seitlich fixiert. Die Kraftübertragung von den Klemmplatten in die Verteilplatte erfolgt durch zwei Gewindestangen M27 der Festigkeitsklasse 8.8. Zur Befestigung der Gewindestangen an den Klemmplatten sind zwei 55 mm tiefe Sacklöcher mit Gewinde M27 stirnseitig an den Platten angeordnet. Eine einzelne Platte wiegt inklusive Feilen ca. 35 kg. Bild 3.4 zeigt die Klemmplatte mit den eingesetzten Feilen und den bereits montierten Zugstangen M27. Eine genaue Konstruktionszeichnung findet man im Anhang 2.

Bild 3.4: Klemmplatte mit kreisbogenverzahnten Flachfeilen und Zugstangen M27

3.4 Aufbringen und Kontrolle der Klemmkraft

3.4.1 Einleitung der Klemmkraft

Die Vorspannkräfte werden mittels drei Gewindestangenpaaren M 20 eingeleitet (Bild 3.5). Die Stangen der Festigkeitsklasse 8.8 können Kräfte von maximal 196 kN (Zugfestigkeit, $\gamma = 1.0$)

übertragen. Bei maximaler Ausnutzung der Krafteinleitungsfläche von 180 x 278 mm ist zur Fixierung einer Hartholzprobe bei einer Querdruckspannung von $\sigma_{d\perp}$ = 8 N/mm^2 mit einer Totalkraft von 400 kN zu rechnen, was bei 6 Gewindestangen eine Kraft von 67 kN pro Stange ergibt. Bei Zugversuchen an Fichte ist die in einer einzelnen Gewindestange zu erwartende Kraft bei einem Klemmdruck von $\sigma_{d\perp}$ = 4 N/mm^2 entsprechend halb so gross.

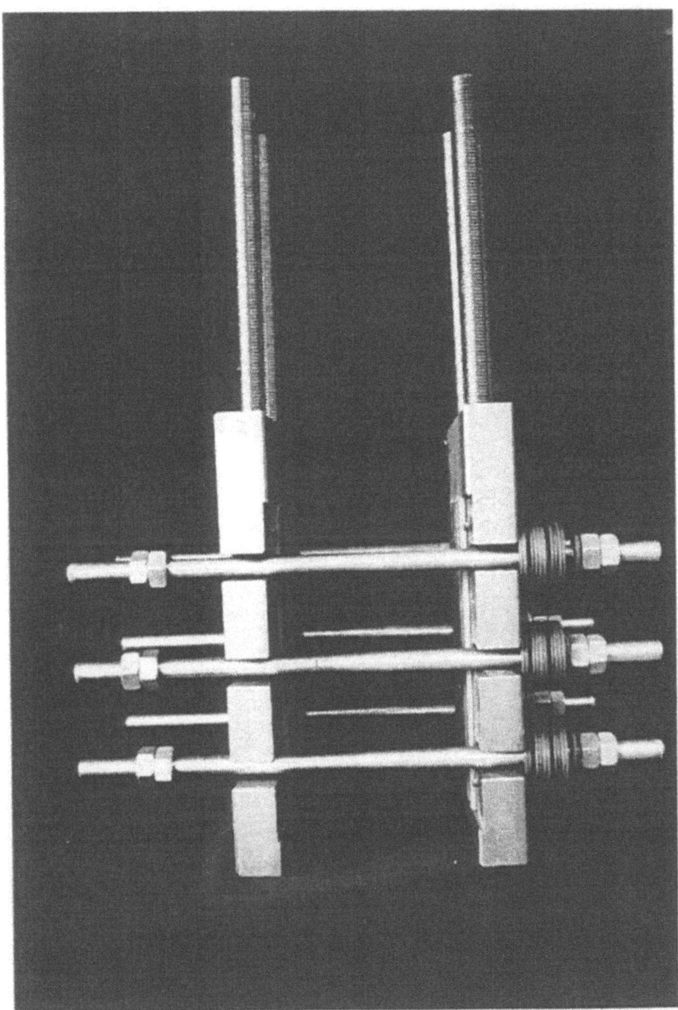

Bild 3.5: Klemmplattenpaar mit Gewindestangen M20

Nach anfänglicher Vorspannung jeder einzelnen Stange mittels Druckluftschrauber, stellte man bald auf ein hydraulisches Spannsystem um, welches die gleichmässige Vorspannung jeweils eines Stangenpaares mittels eines ENERPAC Zylinders Typ RCS-302 [7] (F_{max} = 293 kN bei 700 bar Arbeitsdruck) über einen Verteilbalken erlaubte. Der Zylinder war an einem mit einer Zugentlastung versehenen Seil aufgehängt und konnte sehr einfach umgesetzt werden. (Bild 3.6).

In einer späteren Phase realisierte man dann nicht zuletzt auch aus Gründen der Arbeitssicherheit eine noch einfachere Variante der Vorspannung: Durch Anordnung einer Konterplatte parallel zu den Klemmplatten konnten mittels *eines* Zylinders (ENERPAC RCS-302) sämtliche Gewindestangenpaare gleichzeitig vorgespannt werden. Auf diese Weise war auch eine gleichmässige Verteilung der Klemmkraft in der Holzprobe gewährleistet. Der einzelne zentrisch angeordnete Zylinder RCS-302 war in ein Stahlrohr ø 120 mm mit Wandstärke 10 mm, welches mit der Konterplatte durch vier Imbusschrauben M6 der Länge 45 mm verschraubt wurde, eingelegt (Bild 3.7).

Bild 3.6: Hydraulische Vorspannung der Gewindestangen über einen Verteilbalken

Bild 3.7: Vorspannung der Gewindestangen mittels zentrischer Presse und Konterplatte

3.4.2 Kontrolle der Klemmkraft

Während des Zugversuches sollte die einmal aufgebrachte Klemmkraft nicht absinken. Dies bedingt einen konstanten hydraulischen Druck in den Zylindern, was man mittels eines Rückschlagventils bzw. mittels eines Schiebers erreichen kann. Da das Holz jedoch unter der aufgebrachten Klemmkraft zu kriechen beginnt, baut sich die Klemmspannung entsprechend ab. Dies kann dazu führen, dass die Probe bei vergleichsweise geringer Last in der Einspannstelle rutscht. Die Oberfläche wird dadurch zerstört und auch unter wieder aufgebrachtem erhöhtem Klemmdruck kann die Probe nicht zum Bruch geführt werden.

Eine Lösung des Problems besteht darin, während des Versuches den hydraulischen Druck anzupassen. Dies verlangt allerdings eine stete Überwachung des Drucks mittels eines Manometers.

Durch die Anordnung von Federn an den Vorspannstangen kann auf einfache Weise dasselbe Ziel erreicht werden. Zusätzlich zur teilweisen Kompensation des Kriechens gleichen die Federn die Vorspannkräfte in den Stangenpaaren aus, welche entweder durch Nichtparallelität der Probenoberflächen oder durch ungleich lange Vorspannwege (schlecht in der Länge justierte Stangen) entstehen können.

Die maximalen Kräfte in den Gewindestangen betragen 50 kN bei einer Maximalausnutzung der Zylinderkraft von ca. 300 kN. Spiralfedern sind für diese Kraftbereiche ungeeignet, da sich zu grosse Dehnwege ergeben würden und der erforderliche Federdrahtdurchmesser zu gross wäre. Erst durch die Anordnung von mehrlagigen Tellerfedern 60 x 20.5 x 3.0 erreicht man brauchbare Federkräfte und Dehnwege [20], [21]. Ein Federdiagramm zu den verwendeten Tellerfedern findet man im Anhang 2.

3.5 Verteilplatte als Schnittstelle zur Universalprüfmaschine

Die Klemmplatten sind mittels je einem Gewindestangenpaar M27 der Länge 360 mm mit einer horizontal angeordneten Verteilplatte verbunden. Die Gewindestangen sind durch Distanzhülsen von 200 mm Länge hindurchgeführt, welche als Abstandhalter zwischen Verteilplatte und Klemmplatten wirken (siehe Bild 3.1).

Die Verteilplatte misst 250 x 250 mm und hat bei einer Dicke von 60 mm ein Gewicht von nahezu 30 kg. Die Gewindestangen werden durch Langlöcher geführt, was eine Justierung der Klemmplatten auf die verschiedenen Prüfkörperdicken von 30 bis 100 mm ermöglicht. Jeweils eine Klemmplatte pro Einspannkopf wird gegen die Verteilplatte vorgespannt, so dass sie als Anschlag dienen kann und die zentrische Belastung der Proben während des Versuchs gewährleistet. Die gegenüberliegende Klemmplatte ist in den Langlöchern verschieblich gelagert. Auf diese Weise ist ein einfaches Ein- und Ausbauen der Proben möglich.

Den Übergang zwischen Verteilplatte und Universalprüfmaschine SCHENCK bildet eine Gewindestange M42 der Festigkeitsklasse 8.8 mit einer Länge von 480 mm. Die im Klemmbereich plan gedrehte Gewindestange wird direkt in den Standardklemmbacken der Prüfmaschine geklemmt.

Eine Detailskizze der Verteilplatte befindet sich im Anhang 2.

3.6 Vorversuche mit dem Prototypen

3.6.1 Zielsetzung

Mittels zehn Vorversuchen an Fichtenkanthölzern der Querschnitte 8/16 und 10/16 sollte die mit dem Prototypen maximal erreichbare Zugspannung bestimmt werden. Gleichzeitig waren die Einflüsse von Klemmdruck, Lagerung der Einspannköpfe (gelenkig, eingespannt) und vom Vorholz auf die in den Probekörpern erzielbaren Zugkräfte zu untersuchen. Die Vorversuche gaben somit Aufschluss über die obere Grenze der Querschnittsgrösse bei der serienmässigen Prüfung von Fichtenholz und zeigten bereits allfällige Mängel in der Konstruktion des Prototypen auf.

3.6.2 Auswahl und Qualität der Probekörper

Um die Leistungsgrenze der Einspannvorrichtung für Zugversuche an Fichtenholz zu finden, mussten die Vorversuche an Holz hoher Güte durchgeführt werden. Die zehn Probekörper wurden mittels Ultraschall ausgesucht. Dabei wurde die Schallaufzeit in Balkenlängsrichtung in den zwei Randzonen des Querschnitts gemessen. Die minimale Schallgeschwindigkeit erlaubte nach Korrektur derselben auf die den Sortierkriterien zugrundeliegende Holzfeuchte von 12 % eine Klassierung der Balken und gab so einen Anhaltspunkt über die zu erwartende Festigkeit [23], [24].

Zusätzlich zur Ultraschallgeschwindigkeit wurden für jeden Probekörper Holzfeuchte und Gewicht gemessen. Die Berechnung der Darrdichte ergab einen weiteren Anhaltspunkt zur Beurteilung der Holzqualität.

Bei praktisch allen Probekörpern wurden Schallgeschwindigkeiten von mehr als 5650 m/s (bei einer Holzfeuchte von w = 12%) gemessen, was einer Klasse von C35 gemäss prEN 338 entspricht. Es wären also bei 95% aller Proben Biegefestigkeiten von 35 N/mm^2 und ein mittlerer E-Modul von 13000 N/mm^2 zu erwarten (E= 8700 N/mm^2).

Ausführliche Angaben über die Holzqualitäten der Probekörper befinden sich im Anhang 2.

3.6.3 Versuchsdurchführung

Die Versuche wurden im November 1990 auf der Universalprüfmaschine SCHENCK 1600 kN durchgeführt. Die Belastungsgeschwindigkeit betrug 1 mm/min. (Wegsteuerung). Für sämtliche Versuche wurde ein Last-Verformungsdiagramm aufgezeichnet, wobei sowohl die Kraft als auch die Längenänderung direkt von der Maschine abgegriffen wurden (siehe Anhang 2).

Bei den ersten sieben Versuchen (V1 bis V7) war die Klemmvorrichtung gelenkig in der Prüfmaschine gelagert. Nachdem man festgestellt hatte, dass die Art der Lagerung einen sehr grossen Einfluss auf die erreichbare Zuglast in den Probekörpern hatte, wurde in den Versuchen V7 bis V10 die Klemmvorrichtung dermassen in die Prüfmaschine eingebaut, dass eine Einspannung resultierte. Die Einspannung wurde durch Anordnung zweier Flachstahlbleche 250 x 100 mm mit 10 mm Dicke zwischen Verteilplatte und Prüfmaschine realisiert (siehe Bild 3.1).

3.6.4 Resultate der Vorversuche

Die Resultate aus den Vorversuchen sind in der folgenden Tabelle zusammengefasst. Die zugehörigen Kraft-Verformungsdiagramme findet man im Anhang 2.

Nr. [1]	A [2] [mm²]	A_R [3] [mm²]	F_{max} [4] [kN]	$\sigma_{d\perp}$ [5] [N/mm²]	σ_z [6] [N/mm²]	τ [7] [N/mm²]	Bemerkungen
V1	12008	43924	250	1.5	20.8	2.85	Gleiten
V2	12008	43924	332	3	27.6	3.78	Zugbruch
V3	12008	43924	269	3	22.4	3.06	Zugbruch
V4	12008	43924	476	3	39.6	5.42	Schubbruch
V5	12008	43924	386	3	32.1	4.39	Schubbruch
V6	12008	43924	432	3	36.0	4.92	Schubbruch
V7	10318	42812	272	3	26.4	3.18	Zugbruch
V7a	10318	42812	295	3	28.6	3.45	Schubbruch
V8	10318	42812	298	3	28.9	3.48	Zugbruch
V9	10318	42812	298	3	28.9	3.48	Zugbruch
V10	10318	42812	264	3	25.6	3.08	Zugbruch

[1] Versuche V1 bis V7: Klemmvorrichtung gelenkig gelagert
Versuche V7a bis V10: Klemmvorrichtung eingespannt
[2] Querschnittsfläche
[3] Wirksame Krafteinleitungsfläche (Reibung): 278 mm x Probenbreite (pro Klemmplatte)
[4] Maximale Zugkraft
[5] Querdruckspannung aus Klemmkraft
[6] Maximale Zugspannung
[7] Maximale Schubspannung im Krafteinleitungsbereich

Eine ausgedehnte statistische Analyse der Vorversuchsresultate hat kaum einen Sinn, zumal sich drei verschiedene Versagensarten zeigten. Trotzdem erscheint es sinnvoll, im Hinblick auf die Konstruktion der Einspannvorrichtung einige wichtige Kennwerte der Versuchsdaten anzugeben und die Versuchsreihe auch graphisch darzustellen (Bild 3.8):

Anzahl Werte	11
Mittelwert	28.8 N/mm²
Standardabweichung	5.49 N/mm²
Variationskoeffizient	0.19
Maximum (Schubbruch)	39.6 N/mm²
Minimum (Gleiten)	20.8 N/mm²

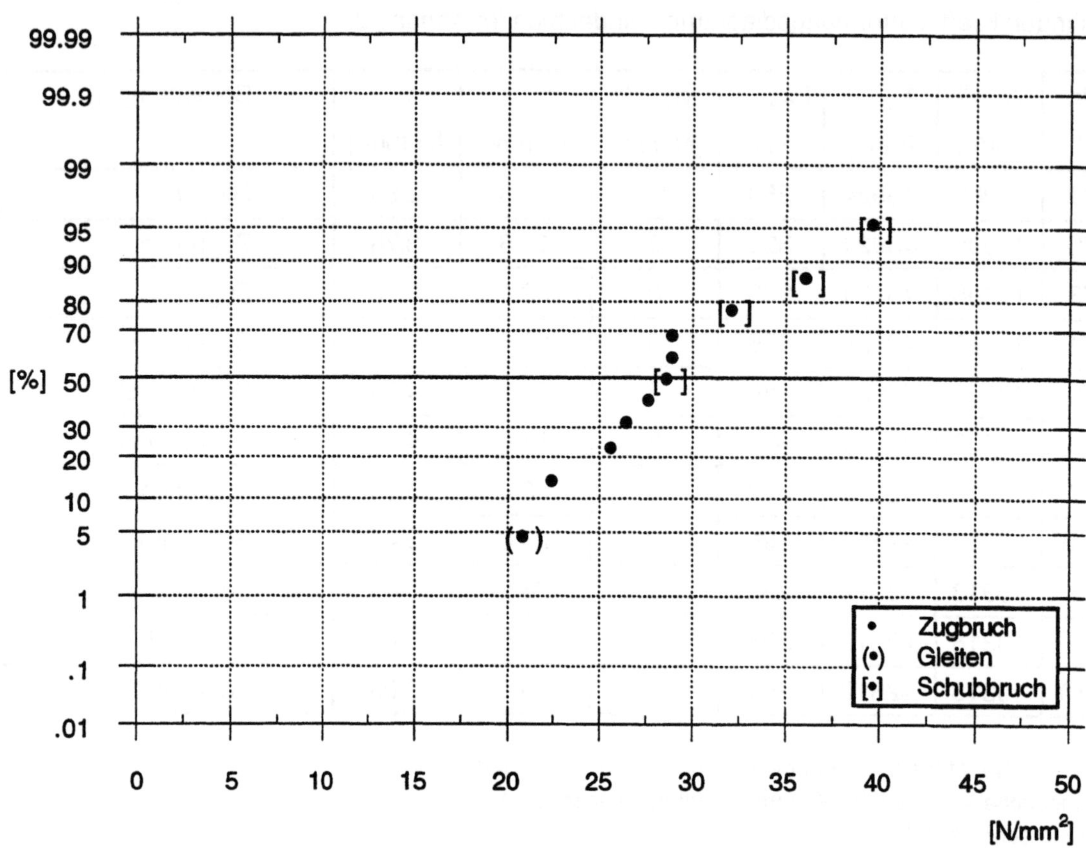

Bild 3.8: Normal Probability Plot: Zugfestigkeit von 11 Fichten-Kanthölzern mit QS 8/16

3.7 Schlussfolgerungen

Aus den Vorversuchen mit dem Prototypen der Einspannvorrichtung konnte man folgende Erkenntnisse ableiten:

1. Die Zugfestigkeiten von Schnittholz sind deutlich kleiner als die Schätzwerte aus den Versuchen an strukturstörungsfreien DIN-Kleinproben (vgl. Kap. 1).

2. Der Grösstwert der erreichten Schubspannung betrug 5.4 N/mm² (Versuch V4). Da sich bei dieser Spannnung eine Schubbruch in Holz erreignete, kann man annehmen, die Leistungsgrenze der Einspannvorrichtung gefunden zu haben.

3. Der über den Einspannbereich herausragende Teil der Prüfkörper (nachfolgend als Vorholz bezeichnet) hat einen sehr grossen Einfluss auf die in der Klemmzone einleitbare Schubspannung. Die Länge des (Schub-) Vorholzes sollte mindestens 100 mm betragen.

4. Die Art der statischen Lagerung der Klemmvorrichtung in der Prüfmaschine beeinflusst die Versuchsresultate in erheblichem Masse:

   Bei gelenkiger Lagerung ergibt sich nach dem Anriss bei der schwächsten Stelle (z.B. bei einem Flügelast) im Prüfstab ein Moment aus Exzentrizität, was bewirkt, dass die Probe bei entsprechend tieferer Zugspannung bricht. Eigentlich müsste man in diesen Fällen die Spannung aus Biegung berücksichtigen. Die messtechnische Erfassung dieser Spannungen aus den Exzentrizitätsmomenten ist allerdings schwierig.

Bei verhinderter Rotation der Klemmplatten in der Prüfmaschine (durch Anordnung von Flachstählen) können sich auch nach einem Anriss infolge Kraftumlagerung höhere Zugspannungen aufbauen. Die Bestimmung der effektiv vorhandenen Bruchspannung ist infolge des Zustandes von reiner Normalspannung (kein Moment aus Exzentrizität) einfach.

5. Die maximal erreichte Zugspannung lag bei 40 N/mm². Allerdings versagte die Probe nicht wegen zu grosser Zugspannung sondern infolge Schubbruchs in der Einspannzone. Wenn man davon ausgeht, dass bei qualitativ gutem Bauholz auch bei Versuchen an Proben in Bauteilgrösse Zugfestigkeiten von 80 N/mm² vorkommen können, kann man die Obergrenze der Probendicke berechnen:

   Maximal einleitbare Kraft: $F_{max} = 2 \cdot \text{Probenbreite} \cdot \text{Klemmlänge} \cdot \tau_{max}$

   Zugspannung bei F_{max}: $\sigma_{max} = \dfrac{F_{max}}{b \cdot h}$

   Grenz-Probendicke bei $\sigma_{max} = 80$ N/mm²: $h = \dfrac{2 \cdot 278 \cdot \tau_{max}}{80} \approx 7\,\tau$

   Setzt man für τ_{max} den bei optimalen Verhältnissen erreichbaren Wert von 5 N/mm² ein, so erhält man als Grenz-Probendicke 35 mm. Für τ_{max} = 4 N/mm² ergibt sich ein Grenz-Probendicke von 28 mm. Die Prüfung von Querschnitten bis 35 mm Dicke ist allerdings nur möglich, falls die Holzqualität in Bereich der Klemmplatten gut ist und genügend Vorholz zur Einleitung der Schubspannung vorhanden ist.

6. Die Klemmspannung muss mindestens 3 N/mm² betragen, um eine frühzeitiges Gleiten der Probe in der Einspannung zu verhindern. Der Konstanthaltung der Klemmkraft ist grösste Beachtung zu schenken. Ist Gleiten einmal eingetreten, kann man auch unter erhöhter Klemmspannung die Bruchlast der Probe nicht mehr erreichen.

7. Die Krafteinleitung mit den kreisbogenverzahnten Werkstattfeilen hat sich auch in den Zugversuchen bewährt. Die Haftspannungswerte aus den Reibungsversuchen konnten wieder erreicht werden. Allerdings haben sich folgende Probleme ergeben:

   Infolge von Ästen und lokaler Schrägfasrigkeit in der Einspannzone wurden häufig nicht alle Feilen gleichmässig beansprucht, was durch die Messerwirkung der Schwalbenschwanzverbindung zu lokalen plastischen Verformungen in der Klemmplatte führte. Mit der Zeit sassen die Feilen nur noch sehr locker in der Klemmplatte und zerbrachen unter den teilweise erheblichen Schlägen beim Bruch der Probe.

8. Das Handling während des Versuchs muss durch entsprechende konstruktive Ausbildung, z.B. durch Anordnung von Anschlägen und Justierungsmöglichkeiten, verbessert werden.

9. Die Vorspannung der Klemmplatten muss aus Gründen der Rationalisierung und der Arbeitssicherheit hydraulisch erfolgen. Am besten bewährt hat sich das System mit einer zu den Klemmplatten parallel angeordneten Konterplatte und zentrisch gelagerter Presse.

4. Einspannvorrichtung

Ziel war die Entwicklung einer Einspannvorrichtung für Zugprüfungen an Fichtenkanthölzern mit Querschnitten bis 8/18 unter Berücksichtigung der Erfahrungen aus den Prototyp-Versuchen. Da die Einspannvorrichtung für grössere Versuchsserien eingesetzt werden sollte, war der Rationalisierung der Arbeitsabläufe vermehrt Beachtung zu schenken.

4.1 Massgebende Randbedingungen

4.1.1 Erkenntnisse aus den Reibungsversuchen

Die Reibungsversuche haben gezeigt, dass die Einleitung von Zugkräften in einen Holzquerschnitt über Reibung generell möglich ist. Ausserdem gilt:

1. Die maximale Querdruckspannung ohne Quetschgefahr beträgt $\sigma_{d\perp}$ = 3.5 bis 4 N/mm^2.

2. Die in das Holz einleitbare Schubspannung aus Verzahnung betrug τ_{max} = 6.3 N/mm^2 und wurde mit kreisbogenverzahnten Feilen erzielt.

4.1.2 Erkenntnisse aus den Vorversuchen mit dem Prototypen

1. Der Maximalwert der durch die Reibungsfläche in das Holz einleitbaren Schubspannung lag bei 5.4 N/mm^2. Die Annahme einer für die Dimensionierung der Krafteinleitung massgebenden Bemessungsschubspannung von 5 N/mm^2 scheint somit auch mit Rücksicht auf die Resultate aus den Reibungsversuchen möglich zu sein.

2. Nur bei mindestens 100 mm Vorholz können die unter Punkt 1 angegebenen Schubspannungswerte überhaupt erreicht werden.

3. Um den Einfluss der Lagerungsbedingungen der Klemmvorrichtung in der Prüfmaschine auf die Grösse der Zugfestigkeit und auf die Bruchart untersuchen zu können, sind sowohl eine gelenkige als auch eine eingespannte Lagerung vorzusehen.

4. Damit man in einem qualitativ guten Fichtenkantholz des Querschnitts 8/18 eine Zugspannung von 80 N/mm^2 erreichen kann, muss man eine Einspannlänge von mindestens 640 mm haben, sofern man von einer gleichmässigen Verteilung der Schubspannungen in der Klemmzone ausgeht.

5. Die Klemmkraft muss möglichst gleichmässig verteilt sein und während des Versuches konstant gehalten werden.

6. Trotz guter Krafteinleitungseigenschaften sind die Feilen durch ein Element mit ebenbürtigen Reibungswerten, jedoch mit besserer Querverteilung und duktilerem Verhalten bei Schlageinwirkung infolge Zugbruch der Probe zu ersetzen.

7. Das Vorspannsystem mit Konterplatte und zentrisch angeordneter Presse hat sich bewährt und soll auch in der neuen Einspannvorrichtung zum Einsatz kommen.

4.1.3 Anforderungen an die Einspannvorrichtung

Die an die zu entwerfende Einspannvorrichtung gestellten Anforderungen waren:

1. Normalquerschnitt der Probekörper: Fichtenkantholz 8/18

2. Länge der Einspannzone möglichst gering, d.h. hoher Wirkungsgrad der Krafteinleitung

3. Grenzwerte der Prüfkörperabmessungen: Minimale Dicke: 10 mm
Maximale Dicke: 120 mm
Maximale Breite: 200 mm

4. Optimierung des Versuchsablaufes durch einfache Ein- bzw. Ausbau- und Vorspannmöglichkeiten.

5. Lagerung in der Prüfmaschine sowohl gelenkig als auch eingespannt

4.2 Konstruktionsprinzip

Bild 4.1: Zugversuch an einem Fachwerkstab aus Fichten-BSH (QS 11/20)

Die Einspannvorrichtung gebildet aus zwei identischen Klemmplattenpaaren wird mittels einer zentrisch zwischen den Klemmplatten angeordneten Stahlplatte in den Standard-Klemmbacken der Prüfmaschine eingeklemmt (Bild 4.1). Die Klemmplatten sind durch drei in Gelenklagern liegende Stahlwellen mit der Krafteinleitungsplatte verbunden. Die Rotation ist also blockiert. Optional kann man nur eine Welle zentrisch anordnen und erhält so eine gelenkige Lagerung (Bild 4.2).

Die Einspannvorrichtung besteht aus einer Grundeinheit und einem Verlängerungsstück (Bild 4.2). In der Grundeinheit können die Klemmplatten mittels zwei Gruppen à vier Gewindestangen gegeneinander gepresst werden. Die eigentliche Krafteinleitungsfläche besteht aus drei profilierten Stahlplatten mit Parallelverzahnung. Die Krafteinleitungselemente sind in die Klemmplatten eingelassen und mittels vier Schrauben mit diesen verbunden. Die Kraftübertragung zwischen Reibungsplatte und Klemmplatte erfolgt also allein durch Kontaktpressung. Die Krafteinleitungsfläche ist 450 mm lang. Ein optional einsetzbares, mit eigener Gewindestangengruppe vorspannbares Verlängerungsstück, erlaubt die Vergrösserung der wirksamen Krafteinleitungsfläche auf 700 mm.

Die Klemmkraft wird durch einen zentrisch zwischen den vier Stangen angebrachten Hydraulikzylinder aufgebracht und über eine Konterplatte in die Stangen eingeleitet. An jeder Stange angeordnete Tellerfederpakete gewährleisten eine gleichmässige Kraftverteilung in den Stangen und kompensieren Druckabfälle im Hydrauliksystem und Kriechverformungen in den Probekörpern.

Bild 4.2: Einspannvorrichtung mit montiertem Verlängerungsstück (Rotation verhindert)

4.3 Klemmplatten

4.3.1 Krafteinleitungsfläche

Bei der neu entwickelten Einspannvorrichtung wurden die Feilen zur Verbesserung der Duktilität durch profilierte Stahlplatten von 15 mm Dicke ersetzt (Bild 4.3). Um eine unnötige Sprödigkeit der Profilplatten zu verhindern, erfolgte nur eine Härtung der Verzahnung. Die Profilierungsgeometrie der Feilen hatte sich bewährt und es wurde lediglich die Kreisbogenverzahnung durch eine herstellungstechnisch einfachere Parallelverzahnung ersetzt (Bild 4.3). In Absprache mit Fachleuten aus der ETH Werkstatt und aus der Härterei wurden Stahlqualität, Fräsgeometrie und Härtverfahren wiefolgt festgelegt:

Stahlqualität:	Hochlegierter Kaltarbeitsstahl:	DIN X 210 CrW12 (nach DIN 17350)
	Lieferant:	Böhler (Marke: K 107)
	Werkstoffnummer:	1.2436
Härtung:	Oberflächenhärtung:	HRC (Härte Rockwell C): 54 + 3
Fräser:	HSS (High Speed Steel) 60°	
Fräsprofil:		

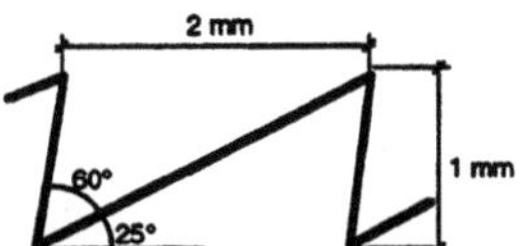

Die Zähigkeit und damit die Hochwertigkeit des verwendeten Werkzeugstahles bedingte eine Titan-Kohlenstoff-Nitridbeschichtung der verwendeten Fräser, um die Standzeiten zu erhöhen.

Bild 4.3: Profilierte Stahlplatten mit Parallelverzahnung

Die erforderliche Krafteinleitungsfläche wurde folgendermassen bestimmt:

Zugkraft bei 80 N/mm² Normalspannung in einem Querschnitt 8/18: $F = 1152$ kN

Erforderliche Krafteinleitungslänge bei 5 N/mm² wirksamer Schubspannung: $\ell = 640$ mm

Die maximale Kraft bei Annahme einer Querschnittsbreite von 200 mm und einer Schubspannung von 5 N/mm² beträgt 1280 kN. Da es nicht möglich ist, diese Kraft ohne plastische Deformationen als Totalkraft in die Klemmplatte einzuleiten, wurde die Krafteinleitungsfläche in drei Teile mit den Abmessungen 200 x 150 mm aufgeteilt. Zusätzlich ist für grosse Querschnitte ein Verlängerungsstück mit 200 x 250 mm Reibungsfläche zu montieren.

Die Widerstandsfähigkeit und der Wirkungsgrad der profilierten Stahlplatten wurden mittels Reibungsversuchen, wie sie in Kap. 2 beschrieben sind, getestet (Bild 4.4). Verwendet wurden sowohl Probekörper aus Fichtenholz als auch solche aus Hartholz. Die Versuchsresultate sind nachfolgend tabelliert. Ausführlichere Angaben befinden sich im Anhang 1.

Material / Oberfläche	Holzart	Darrdichte [kg/m³]	Querdruckspannung $\sigma_{d\perp}$ [N/mm²]	Schubspannung aus Haftreibung τ_{max} [N/mm²]	$\frac{\tau_{max}}{\sigma_{d\perp}}$ 1)
Stahl parallel verzahnt	Fichte	423	3.6	5.5	1.5
(Profil ⊥ zur Kraftrichtung)	Fichte	419	4.2	4.9 2)	1.2
	Buche	676	8.1	11.8	1.5
	Eiche	758	8.1	10.6	1.3
	Kastanie	571	5.8	6.3 2)	1.1

1) Wirkungsgrad: entspricht für glatte Oberflächen ohne Verzahnung der Haftreibungszahl μ_0

2) Infolge zu grosser Querdruckspannung wurde das Holz zerquetscht und der Schubspannungswert aus Verzahnung sank deutlich ab.

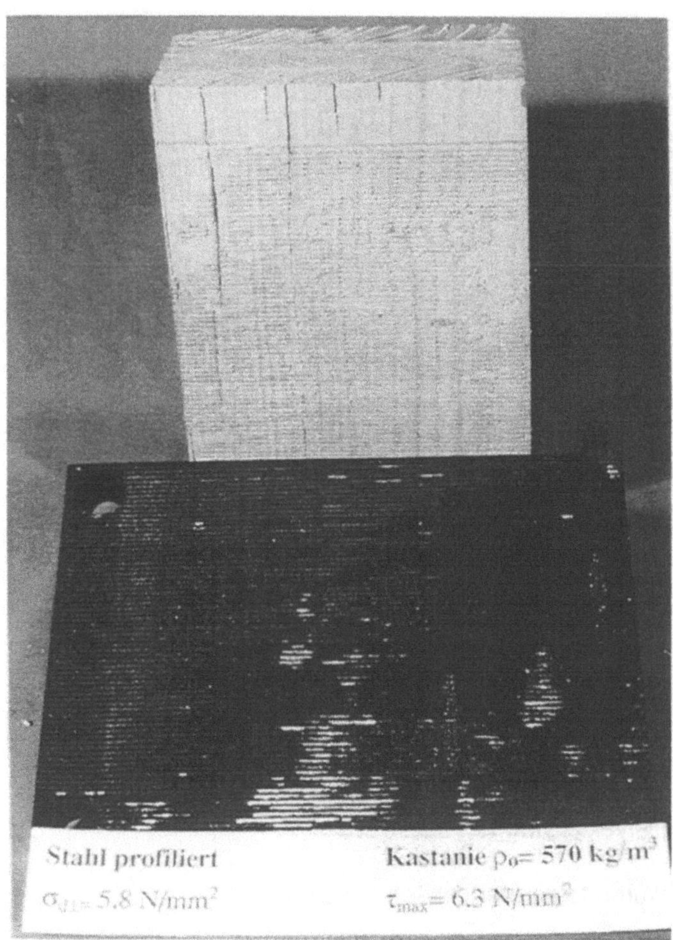

Bild 4.4: Reibungsversuch: Profilierte Stahlplatte auf Kastanienholz

Die Reibungsversuche zeigten, dass es mittels den speziell hergestellten profilierten Stahlplatten möglich ist, ähnlich hohe Schubspannungswerte aus Verzahnung zu erzielen wie mit den kreisbogenverzahnten Flachfeilen. Bild 4.5 zeigt im Vergleich die Profilierung der Stahlplatten und der Werkstattfeilen.

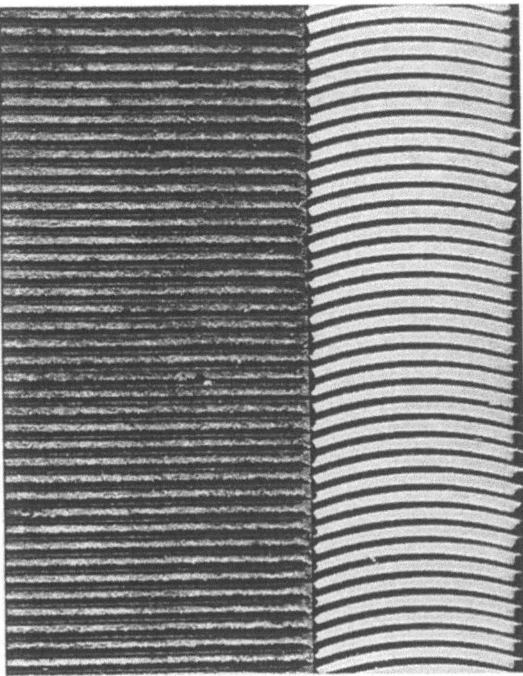

Bild 4.5: Stahlplatte mit Parallelverzahnung und Werkstattfeile: Profilierung

4.3.2 Platten

Die Klemmplatten haben eine Abmessung von 350 x 760 mm und eine Dicke von 40 mm. Sie werden mit zwei Gewindestangengruppen à vier Stangen M20 der Festigkeitsklasse 8.8 gegeneinander gespannt. Jeweils vier untereinander liegende Gewindestangen sind in Bohrungen ø22 gelagert. Die andern Stangen lagern in schräg nach oben verlaufenden U-Löchern mit dem gleichen Durchmesser. Die Schräge der U-Löcher verhindert ein Herausfallen der Stangen und bringt eine deutliche Vereinfachung in der Montage und Demontage.

Drei Bereiche von 200 x 150 mm sind 10 mm vertieft. Sie dienen der Aufnahme der Krafteinleitungsplatten. Die Befestigung derselben erfolgt mittels vier in den Ecken angeordneten Imbusschrauben M10. Die vertieften Bereiche sind durch 20 mm breite Stege voneinander getrennt. Die Kraftübertragung zwischen den Reibungsplatten und diesen Stegen erfolgt über Kontaktpressung (Bild 4.6). Im Maximalfall kann eine einzelne Reibungsplatte eine Kraft von 150 kN in das Holz einleiten.

Bild 4.6: Klemmplatte mit montierten Krafteinleitungsplatten

Am oberen Ende der Klemmplatte befinden sich drei Bohrungen mit einem Durchmesser von 75 mm (Passung H7). In diese Bohrungen sind Gelenklager eingesetzt. Sie sollen eine reibungsfreie Lagerung der 50 mm dicken Stahlwellen ermöglichen, welche als Verbindung zwischen den Klemmplatten und der Krafteinleitungsplatte dienen.

Stirnseitig unten sind vier Gewindelöcher M16 vorhanden. Sie ermöglichen die Montage des Verlängerungsstücks mit einer zusätzlichen Krafteinleitungsfläche von 200 x 250 mm.

Aussen an den Klemmplatten sind Konsolen zur Aufnahme der Vorspannpressen ENERPAC RCS-302 [7] vorhanden. Die Konsolen sind so gross, dass die Konterplatten, welche bei einer Abmessung von 200 x 300 x 40 mm ein Gewicht von 19 kg haben, während des Vorspannvorgangs auf ihnen gleiten können.

4.4 Aufbringen und Kontrolle der Klemmkraft

4.4.1 Einleitung der Klemmkraft

Entsprechend den guten Erfahrungen aus den Vorversuchen mit dem Prototypen wird die Klemmkraft durch einen zentrisch angeordneten Druckzylinder des Typs ENERPAC RCS-302 [7] mit einer maximalen Druckkraft von 300 kN aufgebracht und über eine 40 mm dicke Konterplatte in vier Gewindestangen M20 der Festigkeitsklasse 8.8 eingeleitet (Bild 4.7).

Bild 4.7: Vorspannsystem mit zentrisch angeordneter Presse und Konterplatte

Bild 4.8: Kräfteausgleich und Kompensation der Kriechverformungen mittels Tellerfedern

4.4.2 Kontrolle der Klemmkraft

Die beim Prototypen eingesetzten Tellerfederpakete zur Kontrolle und zum Ausgleich der Vorspannkräfte in den Gewindestangen werden wieder eingesetzt. (Bild 4.8)

4.5 Übergangsbereich Einspannvorrichtung - Prüfmaschine

Die Krafteinleitung in die Universalprüfmaschine SCHENCK ist derart gestaltet, dass sowohl eine gelenkige Lagerung als auch eine Einspannung möglich ist. Eine zentrisch zwischen den Klemmplatten liegende Stahlplatte wird direkt in die Standard-Klemmbacken der Universalprüfmaschine eingespannt. Drei 50 mm dicke Stahlwellen bilden die Verbindung zwischen Klemmplatten und Krafteinleitungsplatte. In den Klemmplatten sind Gelenklager eingebaut, um eine exakte und möglichst reibungsfreie Lagerung der Wellen zu gewährleisten. Falls zwei oder drei Stahlwellen montiert sind, besteht eine biegesteife Verbindung zwischen Klemmplatten und Krafteinleitungsplatte. Durch Anordnung lediglich einer Welle (zentrisch) kann man eine gelenkige Lagerung realisieren (Bild 4.9).

Angepasst an die Prüfkörperdicke können wahlweise drei verschiedene Krafteinleitungsplatten mit der Dicke 80 mm, 50 mm oder 25 mm montiert werden. Auf diese Weise wird gewährleistet, dass die Stahlwellen vorwiegend auf Abscheren belastet sind und dass auftretende Biegemomente klein gehalten werden. Eine Skizze von den drei Typen der Krafteinleitungsplatte befindet sich im Anhang 3.

Bild 4.9: 80mm dicke Krafteinleitungsplatte mit drei Stahlwellen ø 50 als Verbindung

4.6 Erhöhung der Leistung mittels eines Verlängerungsstückes

Im Normalfall genügt der Einsatz der Hauptklemmplatten mit einer verfügbaren profilierten Einspannfläche von 200 x 450 mm um Kräfte bis zu 900 kN aufzubauen und damit Fichtenkanthölzer bis zu einer Dicke von 6 bis 7 cm prüfen zu können. Für Kraftbereiche bis 1400 kN und Materialstärken bis 12 cm ist ein optional einsetzbares Verlängerungsstück mit einer zusätzlichen profilierten Einspannfläche von 200 x 250 mm vorhanden. Analog zum Hauptteil der Einspannvorrichtung erfolgt die Einleitung der Klemmkraft über eine Konterplatte und 4 Gewindestangen M20 der Festigkeitsklasse 8.8. Eine Skizze mit den exakten Abmessungen des Verlängerungsstücks findet man im Anhang 3.

Um eine möglichst kontinuierliche Krafteinleitung über die gesamte Einspannlänge von 700 mm zu ermöglichen kann man das Verlängerungsstück je nach Steifigkeit des Prüfkörpers mit zwei oder vier Gewindestangen M16 und damit unterschiedlicher Dehnsteifigkeit an das Hauptstück ankoppeln. Die Gewindestangen können auch vorgespannt werden. In Anhang 3 ist ein Nomogramm beigefügt, das je nach Prüfkörperdicke angibt, welche Verbindungsvariante optimal ist.

4.7 Konstruktive Details zur Optimierung im Einsatz

Bei der Durchführung von grösseren Versuchsserien ist die einfache Handhabung der Einspannvorrichtung von Bedeutung. Es sind daher einige nützliche Arbeits- und Montagehilfen vorgesehen worden:

Die herausnehmbaren Vorspannstangen lagern in unter einem 15°-Winkel schräg nach oben verlaufenden U-Löchern. Die Stangen fallen also bei der Montage direkt in die richtige Lage und eine zentrische Vorspannung ist immer gewährleistet.

Nach dem Lösen der Klemmkraft kann der Prüfkörper nur entfernt werden, wenn die Klemmplatten auseinander gedrückt werden. Am oberen Ende der Klemmplatten angebrachte in ihrer Stärke regulierbare Druckfedern dienen als Abstandhalter und bringen die Klemmplatten nach Versuchsende in eine vorgängig definierte Position (Bild 4.10). Flügelschrauben auf Gewindestangen bilden einen Anschlag in der Gegenrichtung. So wird gewährleistet, dass die Platten nicht zu weit auseinander gedrückt werden.

Bild 4.10: Regulierbare Druckfedern als Abstandhalter

Eine speziell angefertigte mechanische Verbindung zwischen Krafteinleitungsplatte und Prüfmaschine sichert den oberen Einspannkopf. Falls bedingt durch einen Druckabfall im Spannsystem der Prüfmaschine oder durch eine Fehlmanipulation die Spannbacken sich lösen sollten, wird durch die mechanische Verbindung eine Herunterfallen des immerhin ca. 400 kg schweren Einspannkopfs verhindert.

4.8 Kenndaten der Einspannvorrichtung

Die wichtigsten Kenndaten der Einspannvorrichtung sind in den folgenden Tabelle zusammengefasst.

Die Leistungsdaten der Einspannvorrichtung sind:

	Standard	mit Verlängerung
Theoretische maximale Zugkraft [1)]	900 kN	1400 kN
Effektive (maximale) Zugkraft	686 kN [2)]	799 kN [3)]
(Maximale) Zugspannung	48.5 N/mm² [2)]	36.7 N/mm² [3)]
(Maximale) Schubspannung aus Verzahnung	4.3 N/mm² [2)]	2.9 N/mm² [3)]
Minimale Probendicke	10 mm	10 mm
Maximale Probendicke	120 mm	120 mm
Maximale Probenbreite	200 mm	200 mm

1) unter Annahme einer gleichmässigen Schubspannungsverteilung im Klemmbereich und einer Haftspannung von 5 N/mm²

2) Ergebnis aus einem Versuch an einem Fichtenkantholz mit folgenden Eigenschaften:

Querschnitt	79 x 180 mm
Länge	1515 mm
Minimale Ultraschallgeschwindigkeit	5892 m/s
Qualität nach SIA 164	FK 0
Qualität nach prEN 338	C40

Der Prüfkörper ist bei einer Kraft von 686 kN in der Einspannstelle gerutscht.

3) Ergebnis aus einem Versuch an einem Fichten-BSH-Stab (Bild 4.1) mit folgenden Eigenschaften:

Querschnitt	110 x 198 mm
Länge	2170 mm
Darrdichte	440 kg/m³
Zug-E-Modul	13500 N/mm²
Qualität nach SIA 164	BSH B

Der Prüfkörper ist bei einer Last von 799 kN in einer Keilzinkenverbindung gebrochen.

Mit 800 kN ist die Grenzlast der Einspannvorrichtung inklusive Verlängerungsstück längst nicht erreicht, was auch die tiefe Schubspannung in der Krafteinleitungszone von 2.9 N/mm² anzeigt.

Die folgende Stückliste zeigt die Bestandteile für *einen* Einspannkopf:

Teilstück	Funktion	Anz.	Stahl-qualität	Abmessungen [mm]	Gewicht /Stück [kg]
Laschen 25 mm	Übergang Prüfmaschine	1	FeE235	450x350x25	30.9
Laschen 50 mm	Übergang Prüfmaschine	1	FeE235	450x350x50 (40)	55.6
Laschen 80 mm	Übergang Prüfmaschine	1	FeE235	450x350x80 (40)	74.2
Klemmplatten	Einleitung Zugkraft	2	FeE235	760x350x40	83.5
Konterplatten	Klemmkraft	2	FeE235	300x200x40	18.8
Gewindestangen	Klemmkraft	8	8.8	M20, 500 mm	1.23
Tellerfedern	Klemmkraft	96	50 Cr V4 [2)]	60x20.5x3.0	0.06
Reibungsplatten	Einleitung Zugkraft	6	K 107 [1)]	200x150x15	3.53
Stahlwellen	Verbindung Klemmplatte / Laschen	3	FeE235	ø 50, 300 mm	4.62
Gelenklager	Lagerung Stahlwellen	6	-	$ø_a$ 75, $ø_i$ 50	0.20
Zylinder RCS-302	Klemmkraft	2	-	$ø_a$ 124, h=183	6.6
Konsolplatten	Stützung von Zylindern und Konterplatten	2	FeE235	180x220x20	6.22
Klemmplatten +	Verlängerung	2	FeE235	290x350x40	31.9
Konterplatten +	Verlängerung	1	FeE235	300x200x40	18.8
Gewindestangen +	Klemmkraft	4	8.8	M20, 500 mm	1.23
Tellerfedern +	Klemmkraft	48	50 Cr V4 [2)]	60x20.5x3.0	0.06
Reibungsplatten +	Klemmkraft	2	K 107 [1)]	200x250x15	5.89
Gewindestangen +	Montage Verlängerung	8	8.8	M16, 400 mm	0.63
Zylinder RCS-302 +	Klemmkraft	1	-	$ø_a$ 124, h=183	6.6
Konsolplatten +	Stützung von Zylindern und Konterplatten	1	FeE235	180x220x20	3.11

1) Hochlegierter Kaltarbeitsstahl DIN X 210 CrW12 nach DIN 17350
Werkstoffnummer: 1.2436

2) Federstahl nach DIN 17221
Werkstoffnummer: 1.8159

Pro Einspannkopf ergibt sich ein approximatives Totalgewicht für die Standardausrüstung von 350 kg. Mit montiertem Verlängerungsstück wiegt der Einspannkopf ca. 470 kg.

Bezeichnungen und Abkürzungen

Abkürzungen

Alu	Aluminium
BSH	Brettschichtholz
BSH B	Brettschichtholz aus Lamellen FK II (normales Bauholz)
Bu	Buche
CEN	Europäisches Komitee für Normung, Brüssel
DIN	Deutsche Industrie Norm, Berlin
Ei	Eiche
EMPA	Eidgenössische Materialprüfungs- und Forschungsanstalt, Dübendorf (CH)
EN	Euronorm
ETH	Eidgenössische Technische Hochschule, Zürich und Lausanne
Fi	Fichte
FK	Festigkeitsklasse
FK 0	Holz mit besseren Eigenschaften als FK I (Begriff nicht genormt)
FK I	Schnittholz höherer Festigkeit gemäss Norm SIA 164 (1981/1992)
FK II	Schnittholz normaler Festigkeit (übliches Bauholz) gemäss SIA 164 (81/92)
FK III	Schnittholz geringer Festigkeit gemäss Norm SIA 164 (1981/1992)
FPJ	Forest Products Journal, Periodikum der Forest Products Research Society in Madison (USA)
HC	Hors Classes, nicht für Bauzwecke verwertbares Holz (Begriff nicht genormt)
HRC	Rockwell-Härte C gemäss DIN 50103
HSS	High Speed Steel (Fräser-Qualität)
Ka	Kastanie
LNV	Lognormal-Verteilung
NC	Numeric Controlled, Computer gesteuert
prEN	Euro-Vornorm
prEN338	Euro-Vornorm über Bauholz-Festigkeitsklassen
QS	Querschnitt
SH	Shore-Härte gemäss DIN-ISO 2039
SIA	Schweizerischer Ingenieur- und Architektenverein, Zürich
SIA 164	Schweizer Holzbau-Norm (1981/1992)
SNV	Schweizerische Normenvereinigung
USA	United States of America, Vereinigte Staaten von Amerika
VSM	Verein Schweizerischer Maschinenindustrieller

Kopf- und Fusszeiger

II	parallel
⊥	rechtwinklig, senkrecht
a	aussen
Gl	Gleiten
i	innen
max	maximal, Maximum
min	minimal, Minimum
®	Registered Trademark, Markenzeichen

Bezeichnungen

8.8	Schrauben-Festigkeitsklasse: Zugfestigkeit 800 N/mm^2 Fliessgrenze 640 N/mm^2	
A	Querschnittsfläche, Kontaktfläche, Krafteinleitungsfläche	[mm^2]
A_R	Reibungsfläche	[mm^2]
A_{Sp}	Spannungsquerschnitt einer Schraube oder Gewindestange	[mm^2]
Al	Chemisches Zeichen für Aluminium	
AlMgSi1	Anticorodale Aluminiumlegierung	
a	Geometrische Abmessung, Probendicke (kleinere Abmessung)	[mm]
b	Geometrische Abmessung, Probenbreite (grössere Abmessung)	[mm]
c	Geometrische Abmessung, Probenlänge	[mm]
C18	Schnittholzklasse gemäss EN 338, $f_{m,k}$ = 18 N/mm^2	
C22	Schnittholzklasse gemäss EN 338, $f_{m,k}$ = 22 N/mm^2	
C27	Schnittholzklasse gemäss EN 338, $f_{m,k}$ = 27 N/mm^2	
C35	Schnittholzklasse gemäss EN 338, $f_{m,k}$ = 35 N/mm^2	
C40	Schnittholzklasse gemäss EN 338, $f_{m,k}$ = 40 N/mm^2	
Cr	Chemisches Zeichen für Chrom	
E	Elastizitätsmodul	[N/mm^2]
$E_{0,k05}$	Elastizitätsmodul parallel zur Faser (5%-Fraktilwert)	[N/mm^2]
F	Kraft	[kN]
$f_{c,90}$	Druckfestigkeit senkrecht zur Faser	[N/mm^2]
$f_{c,90,k}$	Charakteristischer Wert der Druckfestigkeit quer zur Faser	[N/mm^2]
$f_{m,k}$	Charakteristischer Wert der Biegefestigkeit (5%-Fraktile)	[N/mm^2]
FeE235	Stahl mit einer Zugfestigkeit von 360 N/mm^2 und einer Fliessgrenze von 235 N/mm^2	
G	Gewicht	[kg]
h	Probendicke (kleinere Querschnittsabmessung), Zylinderhöhe	[mm]

h_0	Dickenmass von Tellerfedern	[mm]
H7	Passung im Metallbau gemäss Norm VSM 58400	
ℓ	Länge	[mm]
M	Metrisches Gewinde	
m	Masse	[kg]
m_w	Feuchtmasse	[kg]
Mg	Chemisches Zeichen für Mangan	
n	Wertigkeit, Verhältnis der E-Moduli zweier Materialien	
R	Krümmungsradius	[mm]
r_0	Darrdichte	[kg/m^3]
r_w	Feuchtdichte	[kg/m^3]
s	Federstauchung	[mm]
St 37	Stahl mit einer Zugfestigkeit von 360 N/mm^2 und einer Fliessgrenze von 235 N/mm^2	
Si	Chemisches Zeichen für Silizium	
t	Schallaufzeit	[μs]
V	Chemische Zeichen für Vanadium	
V	Volumen	[m^3]
v	Schallgeschwindigkeit	[m/s]
$v_{min,12}$	Minimal Schallgeschwindigkeit bei 12 % Holzfeuchte	[m/s]
V_w	Feuchtvolumen	[m^3]
v_{12}	Schallgeschwindigkeit bei 12 % Holzfeuchte	[m/s]
w	Holzfeuchte	[%]
X	Hochlegiert	
X210CrW12	Hochlegierter Kaltarbeitsstahl nach DIN 17350	
W	Chemisches Zeichen für Wolfram	
γ	Sicherheitsfaktor (vgl. SIA 160, 1989)	
λ_v	Volumetrisches Schwindmass	
μ_0	Haftreibungszahl	
ø	Durchmesser, Mittelwert	
σ	Normalspannung	[N/mm^2]
$\sigma_{d\perp}$	Druckspannung senkrecht zur Faser	[N/mm^2]
σ_z	Zugspannung	[N/mm^2]
σ_{zul}	Zulässige Spannung	[N/mm^2]
τ	Schubspannung	[N/mm^2]
ψ	Winkel zwischen Kraft- und Faserrichtung	[°]

Literaturverzeichnis

[1] ANGST + PFISTER: VULKOLLAN®, Produktebeschrieb 1990

[2] CEN: prEN338E, Structural Timber - Strength Classes, Draft Sept. 1991

[3] CLAUSEN R., FUHRMANN CH.: Bestimmung der Zugfestigkeit parallel zur Faser in Abhängigkeit der Holzfeuchte
Semesterarbeit Schweiz. Ingenieur- und Fachschule für die Holzwirtschaft Biel, 1990

[4] DIN: Norm 52180: Prüfung von Holz - Probenahme (1978)

[5] DIN: Norm 52188: Bestimmung der Zugfestigkeit parallel zur Faser

[6] DIN: Norm 68364: Kennwerte von Holzarten - Festigkeit, Elastizität, Resistenz (1979)

[7] ENERPAC: Hydraulische Kraft für Industrie und Technik
Katalog 315, 1990

[8] GEHRI E., DUBAS P., STEURER A.: Einführung in die Norm SIA 164 (1981) Holzbau
Publikation Nr. 81-1, Baustatik und Stahlbau, ETH-Hönggerberg (vergriffen)

[9] GRAF O., EGNER K.: Über die Veränderlichkeit der Zugfestigkeit von Fichtenholz mit der Form und Grösse der Einspannköpfe der Normenkörper und mit Zunahme des Querschnitts der Probekörper
Holz als Roh- und Werkstoff 1 (1938), Heft 10, S. 384 - 388

[10] JOINT COMMITTEE RILEM/CIB-3TT: Testing methods for timber in structural sizes
Matériaux et constructions, Vol. 11, No. 66, p. 445 - 452

[11] KOLLMANN F.P., CÔTÉ W.A.: Principles of Wood Science and Technology
Springer-Verlag Berlin, Heidelberg, New-York

[12] KÜHNE H., FISCHER H., VODOZ J., WAGNER TH.: Über den Einfluss von Wassergehalt, Raumgewicht, Faserstellung und Jahrringstellung auf die Festigkeit und Verformbarkeit schweizerischen Fichten-, Tannen-, Lärchen-, Rotbuchen- und Eichenholzes
Mitteilungen der Schweizerischen Anstalt für das forstliche Versuchswesen
Bericht Nr. 183, Zürich 1955

[13] KUNESH R.H.: Grips for tension tests of structural-size lumber, FPJ - Technical Note
Forest Products Journal 16 (1966), p. 60

[14] KUNESH R.H., JOHNSON W.H.: Effect of single knots on tensile strength of 2 by 8 - inch Douglas-Fir dimension lumber
Forest Products Journal 22 (1972), p. 32 - 36

[15] KUNESH R.H., JOHNSON W.H.: Effect of size on tensile strength of clear Douglas-Fir and Hem-Fir dimension lumber
Forest Products Journal 24 (1974), p. 32 - 36

[16] LEPPER M.M., KEENAN F.J.: Development of poplar glued-laminated timber. Part 1: Tensile strength and stiffness of poplar laminating stock
Canadian Journal of Civil Engineering 13 (1986), p. 445 - 459

[17] METRIGUARD INC.: Precison Testing Equipment for Wood, Catalog 20-1, USA 1992

[18] MCLAIN T.E., WOESTE F.E.: Rate of loading adjustment for proof testing of lumber in tension
Forest Products Journal 36 (1986), p. 51 - 54

[19] NEMETH L.J.: Correlation between tensile strength and modulus of elasticity for dimension lumber
Proceedings of the Second Symposium on the Nondestructive Testing of Wood
Washington State University 1965

[20] SCHNORR: Handbuch für Tellerfedern, 3. Auflage 1983

[21] SCHNORR: Tellerfedern Diagramme, Ausgabe 1980

[22] SIA: Norm 164 Holzbau, 1981/92

[23] STEIGER R.: Festigkeitssortierung von Kantholz mittels Ultraschall
Holzforschung und Holzverwertung 43.Jg., Heft 2, S. 40 - 46 (April 1991)

[24] STEIGER R., EHRICHT E., SCHLÄFLI M.: Sortierung von Rund- und Kantholz mittels Ultraschall
IBK / Stahl- und Holzbau-Kurzbericht, Mai 1993

[25] VALLORBE: Werkstattfeilen-Katalog "Schweizer Formen" ME 88

Zusammenfassung

Im vorliegenden Bericht wird die Entwicklung einer Einspannvorrichtung für Zugversuche an Kanthölzern beschrieben. Die Einspannvorrichtung bildet eine Ergänzung zu der an der ETH Zürich eingesetzten Universalprüfmaschine SCHENCK 1600 kN. Basierend auf Reibungsversuchen zur Optimierung der Krafteinleitung und auf Vorversuchen mit einem Prototypen ist eine Einspannvorrichtung entwickelt worden, welche die Einleitung von Zugkräften bis 1400 kN in Kantholzquerschnitte mit den Maximalabmessungen 120 x 200 mm ohne aufwendige Bearbeitung der Probekörper erlaubt.

Die in den meisten europäischen Holzbaunormen angegebenen Bemessungwerte bei Zugbelastung leiten sich aus Versuchen an strukturstörungsfreien Kleinproben ab. Bei anderen Materialien werden schon seit längerer Zeit charakteristische Werte auf Bruchniveau verwendet (Mittelwerte und Fraktilwerte). Auch im Holzbau bestehen derzeit Bestrebungen, dieses Nachweiskonzept einzuführen. Die Bemessungswerte sollen jedoch nicht aus Versuchen an fehlerfreien Kleinproben gewonnen werden. Bei Biege- und bei Druckbelastung sind schon seit längerer Zeit Versuche an Proben in Bauteilgrösse durchgeführt worden. Bei Zugbelastung liegen jedoch wegen der versuchstechnisch schwierig zu realisierenden Krafteinleitung nur sehr wenige Resultate vor.

Bis anhin wurde das Problem der Krafteinleitung (in Analogie zu den Versuchen an den Kleinproben) meist dadurch gelöst, dass man den Prüfkörper im eigentlichen Prüfbereich durch Verjüngung künstlich schwächte und gleichzeitig die Einspannbereiche verstärkte. Diese Massnahmen sind erforderlich, weil die vorhandenen Prüfmaschinen in der Regel auf die Prüfung von Stahl oder Beton und nicht auf Holz ausgerichtet sind. Die Klemmbacken sind für Zugversuche an Kanthölzern zu klein und deren Reibungswiderstand ist gering. Ausserdem ist sehr oft die Klemmkraft zu wenig genau dosierbar, so dass die in Querrichtung weichen Holzproben in den Klemmbacken zerquetscht oder beschädigt werden. Die Versuchsresultate werden beeinflusst, und es stellt sich eine Häufung von Einspannbrüchen ein.

In den USA und in Kanada sind zwar seit geraumer Zeit Anstrengungen unternommen worden, das Problem der Krafteinleitung zu lösen und es wurden auch entsprechende Spezial-Prüfmaschinen entwickelt. Die Maschinen basieren alle auf der Idee einer Verlängerung des Klemmbereiches und einer Verbesserung der Haftreibung (bzw. Verzahnung) in den Klemmbacken. Für Zugversuche an Kanthölzern sind die Maschinen allerdings nicht geeignet, da sie auf die Prüfung von Brettquerschnitten ausgerichtet sind.

Résumé

Le rapport présent décrit le développement d'un équipement spécial pour pincer des bois équarris afin d'en faire des essais en traction. Cet équipement a été conçu pour être utilisé dans la machine d'essai universelle SCHENCK avec une capacité maximale de 1600 kN, qui se trouve à l'Ecole polytechnique fédérale de Zurich. Sur la base des essais de frottement et de quelques essais avec un prototype on a optimisé la zone d'introduction de force et on a développé un équipement qui rend possible l'introduction des forces en traction jusqu'à un niveau de 1400 kN dans des bois équarris avec les dimensions maximals de 120 x 200 mm, ce qui permet d'obtenir une rupture en traction sans traitement laborieu des spécimens.

Dans la plupart des normes européennes les valeurs indiquées sont basées sur des essais avec des spécimens petits et sans imperfections. Beaucoup de nouvelles normes pour la construction utilisent maintenant le concept de la vérification aux états limites ultimes et les valeurs nécessaires sont les valeurs caractéristiques (moyens et percentiles). Les responsables pour les normes pour la construction en bois sont aussi en train de remplacer les valeurs admissibles par les valeurs de dimensionnement requises par le nouveau concept. Il faut alors que ces valeurs caractéristiques soient établies à partir d'essais en grandeur réelle et non sur des spécimens de petite taille. On fait déjà des essais en fléxion et en compression avec des spécimens en dimensions pratiques depuis plusieurs années mais il n'existe que peu de valeurs en traction parce que l'introduction des forces nécessaires pour tester des bois équarris pose souvent des problèmes.

Jusqu' aujourd'hui on a détourné le problème (analogue aux essais avec les spécimens petits et sans imperfections) en reduisant la section dans la zone testée et en renforçant la zone serrée. Ces mesures sont nécessaires parce que les machines d'essais existantes sont conçues pour des spécimens en acier ou béton mais pas pour le bois: les pinces sont trop petites, de façon que soit la force de frottement possible ne suffit pas, soit une pression latérale trop grande écrase les spécimens dans les pinces. Les résultats sont ainsi influencés par les ruptures dans la zone d'introduction des forces.

Aux Etats-Unis et au Canada des chercheurs se sont beaucoup efforcés de resoudre le problème de l'introduction des forces de traction, ce qui a eu comme résultat le développement de plusieurs machines spéciales pour tester le bois en traction. Toutes ces machines basent sur l'idée de l'agrandissement de la zone de serrage et sur l'amélioration du frottement par une denture sur les plaques des pinces. Ces équipements ne sont toutefois pas utilisables pour des essais sur des bois équarris parce qu'ils n'ont été développés que pour les essais sur des planches.

Summary

The present report describes the development of special equipment for tension testing of timber. The equipment is used together with the universal 1600 kN testing machine at the Structural Engineering Laboratory of the Swiss Federal Institute of Technology in Zurich. Based on friction tests to optimize the introduction of tension forces and on a prototype, a clamping device was developed, which allows testing of timber up to a size of 120 x 200 mm and to a maximum tension force of 1400 kN, without tedious preparation (shaping and smoothing) of the test specimen.

The design values in tension given by most European standards derive from tests on small specimens of straight-grained material. Most of the design codes for other materials than wood make use of the so-called limit states design based on characteristic values (mean values and percentiles). In the meantime there are being made attempts to introduce this method of design in timber construction also. The design values, however, should *not* be found by testing small specimens without imperfections. While bending and compression tests have been carried out with specimens in structural sizes for a long time, tension tests are not as easy to carry out, because the necessary high tension forces are difficult to introduce.

Up to now the problem mentioned above was (in analogy to the tests on small specimens) solved by narrowing the desired test zone of the specimen and by reinforcing the clamping zones. These steps are necessary, because the existing testing machines are primarily optimized for testing steel or concrete and exhibit considerable difficulties when testing wooden specimens. The clamping device is too small and the frictional resistance is not high enough to prevent damaging wooden specimens by excessive compression stress perpendicular to the grains. Thus test values are mainly influenced by the clamping device and there is a considerable risk of crushing the specimens within the grips.

In the USA and Canada engineers have made a great effort in optimizing the introduction of tension forces and as a result various types of tension proof testers were developed. All of these machines are based on the idea of an enlargement of the clamping zone and of improving the frictional resistance ("interlocking" respectively). For tension tests on timber, however, these machines are not optimum because they were designed for testing boards only.

Anhang 1: Reibungsversuche

A.1.1 Abmessungen, Holzfeuchten und Darrdichten der Holzproben

Probe	Holzart	b [mm]	h [mm]	ℓ [mm]	Gewicht [kg]	Feuchte [%] [1]	Feuchtdichte [kg/m³]	Darrdichte [kg/m³] [2]
Fi 1	Fichte	50	180	180	0.829	12	512	481
Fi 2	Fichte	50	180	180	0.829	12	512	481
Fi 3	Fichte	50	180	180	0.829	12	512	481
Fi 4	Fichte	80	200	200	1.607	9	502	479
Fi 5	Fichte	80	200	199	1.410	8	443	423
Fi 6	Fichte	80	200	200	1.427	9	446	423
Fi 7	Fichte	80	201	200	1.420	9	442	419
Fi 8	Fichte	80	200	237	1.694	9	447	424
Fi 9	Fichte	80	200	237	1.686	9	445	422
Fi 10	Fichte	80	200	237	1.657	9	437	415
Bu	Buche	80	197	202	2.231	10	708	676
Ei	Eiche	80	197	200	2.465	11	782	758
Ka	Kastanie	80	140	199	1.342	12	602	571

[1] Die Holzfeuchte wurde mittels eines elektrischen Widerstandsmessgerätes bestimmt und hat entsprechend eine Genauigkeit von ± 1%.

[2] Die Darrdichte errechnete man mittels folgender Formel aus der SIA 164 (Art. 4 22 22):

$$r_0 = \frac{1+\lambda_V \cdot w/100}{1+w/100} \cdot r_w \quad \text{mit} \quad r_w = \frac{m_w}{V_w}$$

m_w: Feuchtmasse

V_w: Feuchtvolumen bei einer Holzfeuchte von w (in%)

λ_V: volumetrisches Schwindmass

Als volumetrisches Schwindmass gilt die Summe der Schwindmasse in radialer, tangentialer und Längsrichtung. λ_V ist abhängig von der Holzart und beträgt näherungsweise $0.91 \cdot r_0$.

A.1.2 Resultate der Reibungsversuche

Die Holzproben wurden, falls dies die Oberflächenbeschaffenheit nach dem Versuch erlaubte, für weitere Versuche wiederverwendet. Insbesondere die Versuche mit den polierten und sandgestrahlten Platten verursachten keine Beschädigungen an der Holzoberfläche. Teilweise wurden die Proben auch einfach noch einmal gehobelt. Auf diese Weise konnte der Aufwand zur Probenherstellung gering gehalten werden.

A.1.2.1 Reibungsverhalten von sandgestrahlten Stahl- und Aluminiumplatten auf Fichte

Nr.	Material / Oberfläche	Probe	A [mm²] 1)	$\sigma_{d\perp}$ [N/mm²] 2)	F_{max} [kN] 3)	F_{Gl} [kN] 4)	τ_{max} [N/mm²] 5)	τ_{Gl} [N/mm²] 6)	$\frac{\tau_{max}}{\sigma_{d\perp}}$ 7)
1	Aluminium poliert	Fi 1	31329	2	27	23	0.4	0.4	0.2
2	Aluminium poliert	Fi 1	31329	3	38	38	0.6	0.6	0.2
3	Aluminium poliert	Fi 1	31329	4	46	46	0.7	0.7	0.2
4	Alu sandgestrahlt, fein	Fi 2	31329	2	74	58	1.2	0.9	0.6
5	Alu sandgestrahlt, fein	Fi 2	31329	3	86	86	1.4	1.4	0.5
6	Alu sandgestrahlt, fein	Fi 2	31329	4	116	116	1.9	1.9	0.5
7	Alu sandgestrahlt, grob	Fi 3	31329	2	92	59	1.5	0.9	0.7
8	Alu sandgestrahlt, grob	Fi 3	31329	3	92	84	1.5	1.3	0.5
9	Alu sandgestrahlt, grob	Fi 3	31329	4	118	118	1.9	1.9	0.5
10	Alu sandgestrahlt, grob	Fi 1	31329	4	138	112	2.2	1.8	0.6
11	Alu sandgestrahlt, grob	Fi 1	31329	4	110	107	1.8	1.7	0.4
12	Alu sandgestrahlt, grob	Fi 1	31329	4	107	107	1.7	1.7	0.4
13	Alu sandgestrahlt, grob 8)	Fi 1	31329	4	157	113	2.5	1.8	0.6
14	Alu sandgestrahlt, grob	Fi 1	31329	4	143	108	2.3	1.7	0.6
15	Alu sandgestrahlt, grob	Fi 1	31329	4	121	107	1.9	1.7	0.5
16	Alu sandgestrahlt, grob 9)	Fi 1	31329	4	156	113	2.5	1.8	0.6
17	Stahl sandgestrahlt, grob	Fi 4	36400	3.4	170	-	2.3	-	0.7
18	Stahl sandgestrahlt, grob	Fi 5	36400	3.4	154	-	2.1	-	0.6

1) Wirksame Druckfläche bzw. Reibungsfläche
2) Querdruckspannung, Klemmspannung
3) Maximale Last aus Haftreibung
4) Gleitlast
5) Schubspannung aus Haftreibung
6) Schubspannung aus Gleitreibung
7) Mass für den Wirkungsgrad, für glatte Oberflächen ohne Verzahnung: Haftreibungszahl μ_0
8) Platte wurde vor dem Versuch mit einer Stahlbürste und mit Pressluft gereinigt.
9) wie 8), Platte jedoch um 90° gedreht

A.1.2.2 Reibungsverhalten von Werkstattfeilen auf Fichte

Nr.	Material / Oberfläche	Probe	A [mm²] 1)	$\sigma_{d\perp}$ [N/mm²] 2)	F_{max} [kN] 3)	τ_{max} [N/mm²] 4)	$\frac{\tau_{max}}{\sigma_{d\perp}}$ 5)
19	Feile Typ A 8)	Fi 2	5390	3	68	6.3	2.1
20	Feile Typ B 9)	Fi 2	6600	3	71	5.4	1.8
21	Feile Typ C 10)	Fi 2	6490	3	51	3.9	1.3

Fussnoten siehe unten

A.1.2.3 Reibungsverhalten von profilierten Stahlplatten mit Parallelverzahnung

Nr.	Material / Oberfläche	Probe	A [mm²] 1)	$\sigma_{d\perp}$ [N/mm²] 2)	F_{max} [kN] 3)	τ_{max} [N/mm²] 4)	$\frac{\tau_{max}}{\sigma_{d\perp}}$ 5)
22	Stahl, parallel verzahnt, Profil ⊥ Kraft 6)	Fi 6	30000	3.6	328	5.5	1.5
23	Stahl, parallel verzahnt, Profil ⊥ Kraft	Fi 7	30000	4.2	295	4.9 7)	1.2
24	Stahl, parallel verzahnt, Profil ⊥ Kraft	Bu	30000	A1	710	11.8	1.5
25	Stahl, parallel verzahnt, Profil ⊥ Kraft	Ei	30000	A1	638	10.6	1.3
26	Stahl, parallel verzahnt, Profil ⊥ Kraft	Ka	30000	5.8	377	6.3 7)	1.1
27	Stahl, parallel verzahnt, Profil II Kraft	Fi 8	27000	3.5	75	1.4	0.4
28	Stahl, parallel verzahnt, Profil II Kraft	Fi 9	27000	3	70	1.3	0.4
29	Stahl, parallel verzahnt, Profil II Kraft	Fi 10	27000	2.5	68	1.3	0.5

1) Wirksame Druckfläche bzw. Reibungsfläche
2) Querdruckspannung, Klemmspannung
3) Maximale Last aus Haftreibung (bzw. Verzahnung)
4) Schubspannung aus Haftreibung (bzw. Verzahnung)
5) Mass für den Wirkungsgrad, für glatte Oberflächen ohne Verzahnung: Haftreibungszahl μ_0
6) Stahl: Hochlegierter Kaltarbeitsstahl, Werkstoffnummer: 1.2436, DIN X 210 CrW12
Härtung: Oberflächenhärtung, HRC (Härte Rockwell C): 54 + 3
Fräser: HSS (High Speed Steel) 60°
Fräsprofil:

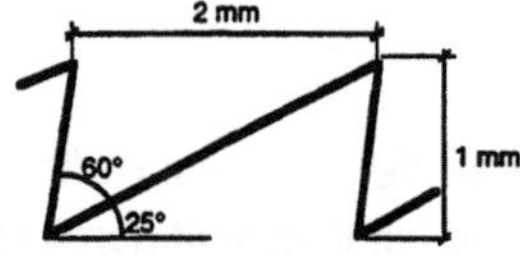

7) Infolge zu grosser Querdruckspannung wurde das Holz zerquetscht und der Schubspannungswert aus Verzahnung sank deutlich ab.
8) Kreisbogenverzahnte Flachfeile VALLORBE mit 12 Hieben pro Zoll [25]
9) wie 10), jedoch mit senkrechten Zusatzhieben [25]
10) Flachstumpffeile mit Halbschlichthieb (VALLORBE) [25]

A.1.2.4 Reibungsverhalten von VULKOLLAN® auf Fichte

Nr.	Material / Oberfläche	Probe	A [mm²] 1)	$\sigma_{d\perp}$ [N/mm²] 2)	F_{max} [kN] 3)	τ_{max} [N/mm²] 4)	$\frac{\tau_{max}}{\sigma_{d\perp}}$ 5)
30	VULKOLLAN®, SH 92 6)	Fi 5	22500	2.1	42	0.9	0.4
31	VULKOLLAN®, SH 92 7)	Fi 5	22500	2.1	50	1.1	0.5
32	VULKOLLAN®, SH 92 7)	Fi 5	22500	3.2	75	1.7	0.5
33	VULKOLLAN®, SH 80 7)	Fi 5	22500	3.2	65	1.4	0.5

1) Wirksame Druckfläche bzw. Reibungsfläche
2) Querdruckspannung, Klemmspannung
3) Maximale Last aus Haftreibung
4) Schubspannung aus Haftreibung
5) Mass für den Wirkungsgrad, für glatte Oberflächen ohne Verzahnung: Haftreibungszahl μ_0
6) Kunststoff zwischen Holzprobe und glatt polierter Aluminiumplatte eingeklemmt
7) Kunststoff zwischen Holzprobe und profilierter Stahlplatte mit Parallelverzahnung eingeklemmt

A.1.2.5 Kraft-Verformungsdiagramme

Die Seiten 52 bis 57 zeigen Kraft-Verformungsdiagramme registriert mit dem XY-Schreiber der Universalprüfmaschine SCHENCK 1600 kN:

Seite 52	Versuche 1 bis 6
Seite 53	Versuche 7 bis 12
Seite 54	Versuche 13 bis 16
Seite 55	Versuche 19 bis 21
Seite 56	Versuche 17, 18, 22 bis 26 und 30 bis 33
Seite 57	Versuche 27 bis 29

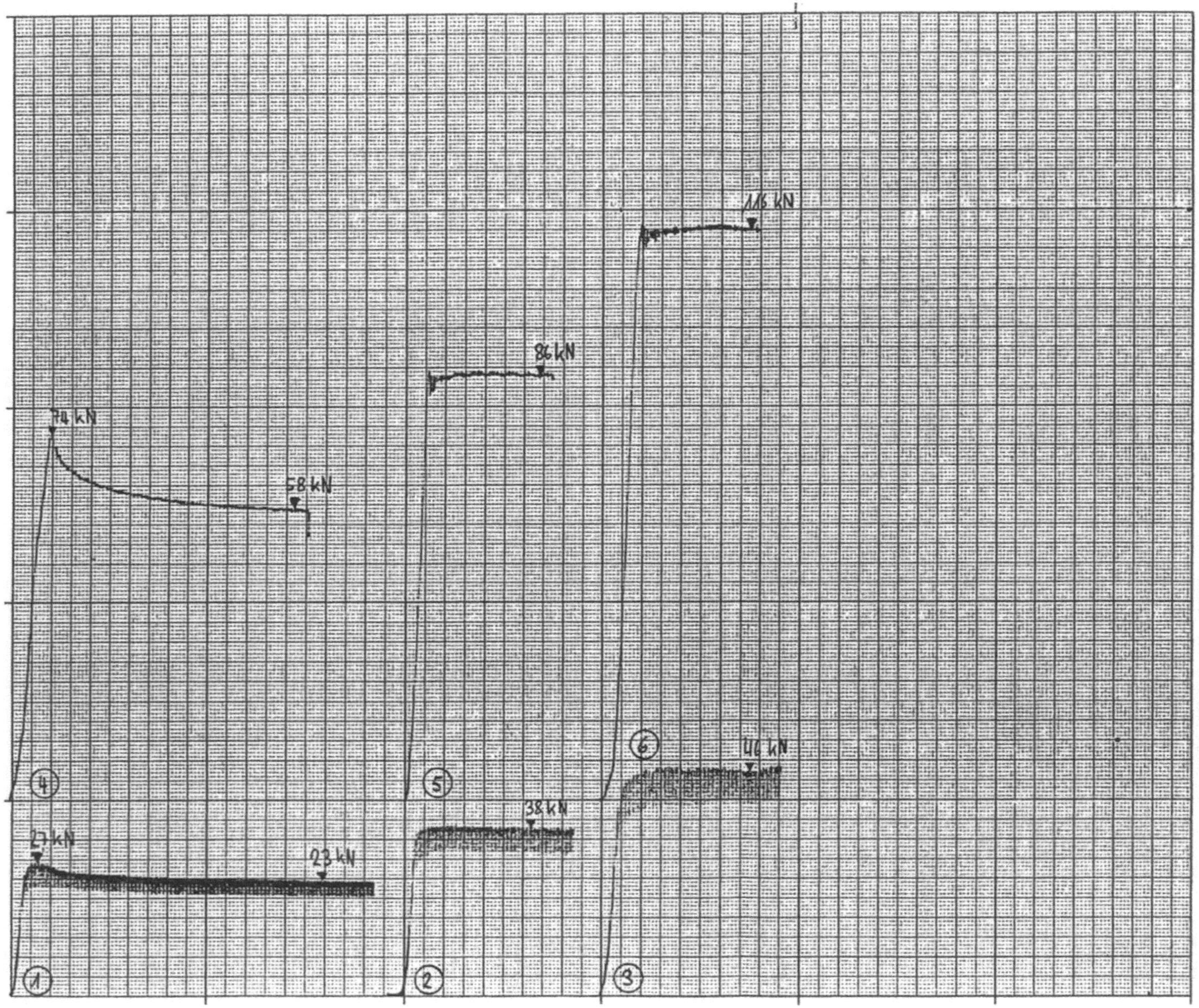

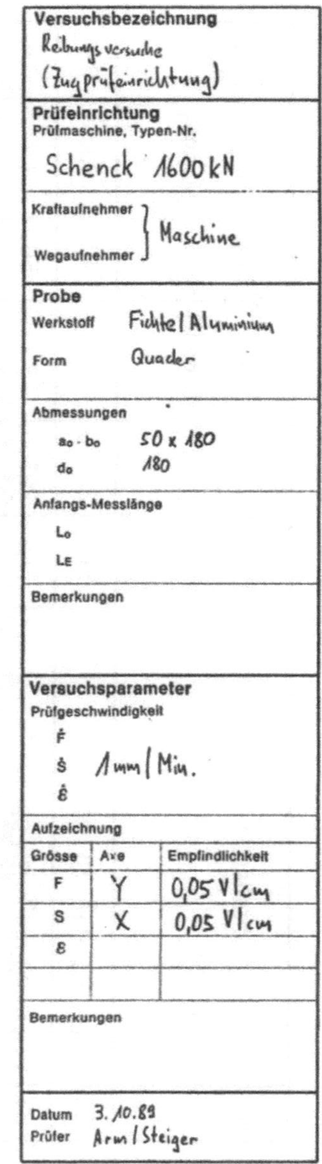

Versuchsbezeichnung	Reibungsversuche (Zugprüfeinrichtung)
Prüfeinrichtung Prüfmaschine, Typen-Nr.	Schenck 1600 kN
Kraftaufnehmer / Wegaufnehmer	Maschine
Probe Werkstoff	Fichte / Aluminium
Form	Quader
Abmessungen $a_0 \cdot b_0$	50 x 180
d_0	180
Anfangs-Messlänge L_0	
L_E	
Bemerkungen	
Versuchsparameter Prüfgeschwindigkeit $\dot{F}$	
$\dot{s}$	1 mm / Min.
$\dot{\varepsilon}$	

Aufzeichnung

Grösse	Axe	Empfindlichkeit
F	Y	0,05 V/cm
s	X	0,05 V/cm
ε		

Bemerkungen

Datum 3. 10. 89
Prüfer Arm / Steiger

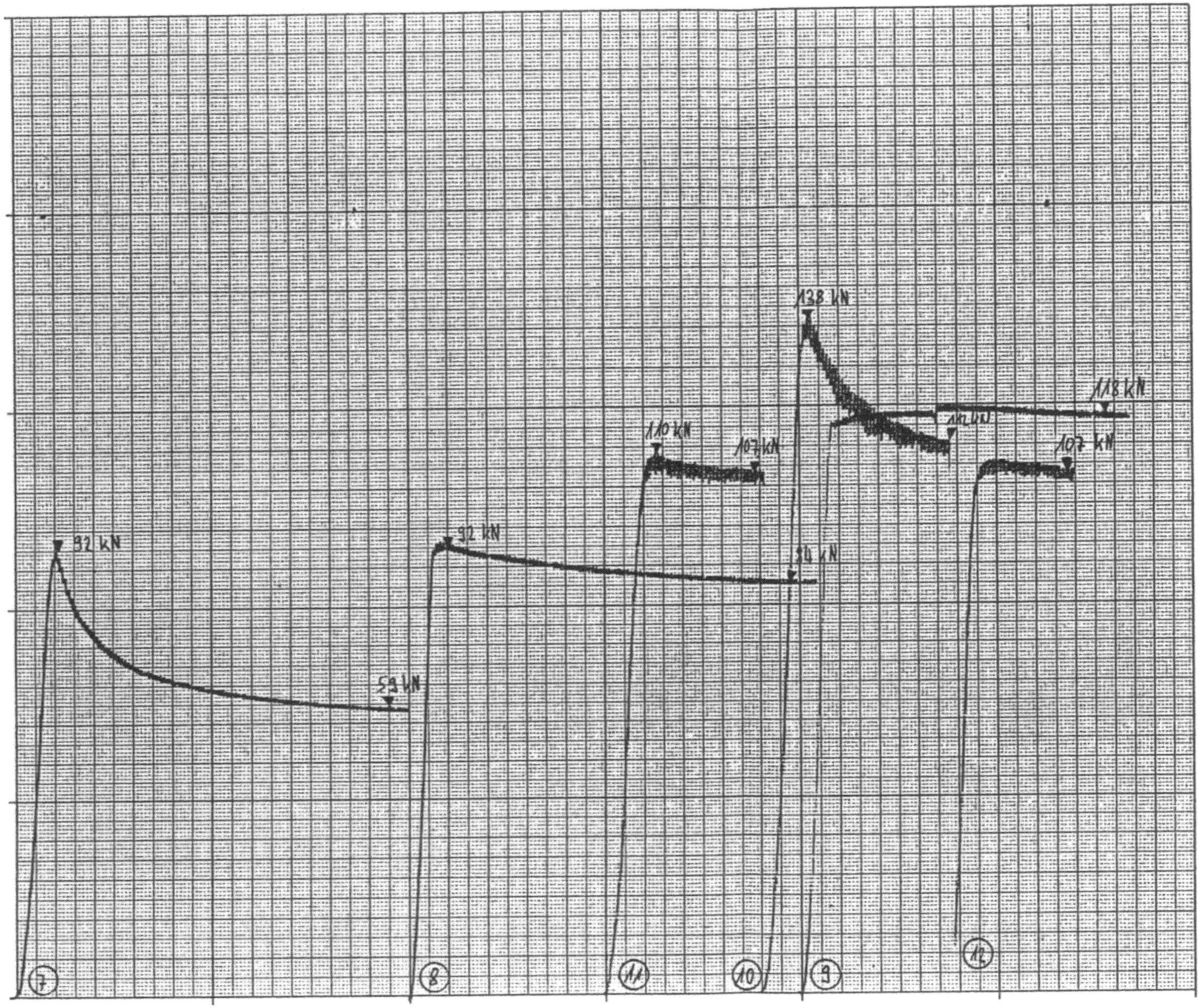

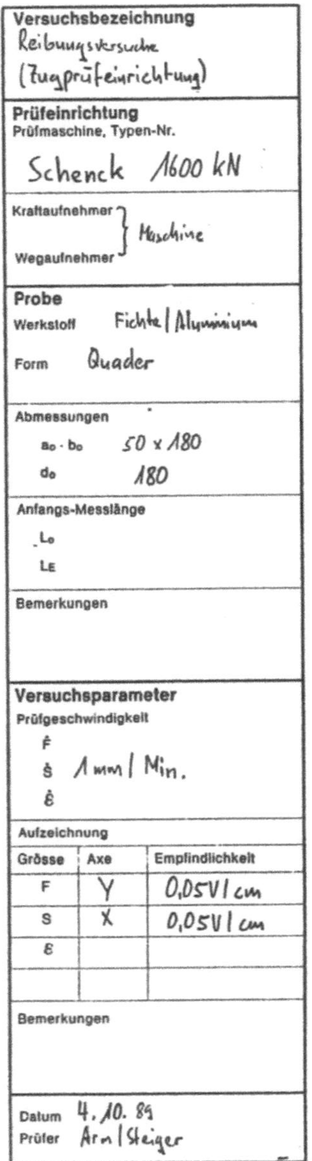

Versuchsbezeichnung
Reibungsversuche
(Zugprüfeinrichtung)

Prüfeinrichtung
Prüfmaschine, Typen-Nr.
Schenck 1600 kN

Kraftaufnehmer } Maschine
Wegaufnehmer }

Probe
Werkstoff Fichte / Aluminium
Form Quader

Abmessungen
$a_0 \cdot b_0$ 50 x 180
d_0 180

Anfangs-Messlänge
L_0
L_E

Bemerkungen

Versuchsparameter
Prüfgeschwindigkeit
$\dot{F}$
$\dot{s}$ 1 mm / Min.
$\dot{\varepsilon}$

Aufzeichnung

Grösse	Axe	Empfindlichkeit
F	Y	0,05 V / cm
S	X	0,05 V / cm
ε		

Bemerkungen

Datum 4.10.89
Prüfer Arn / Steiger

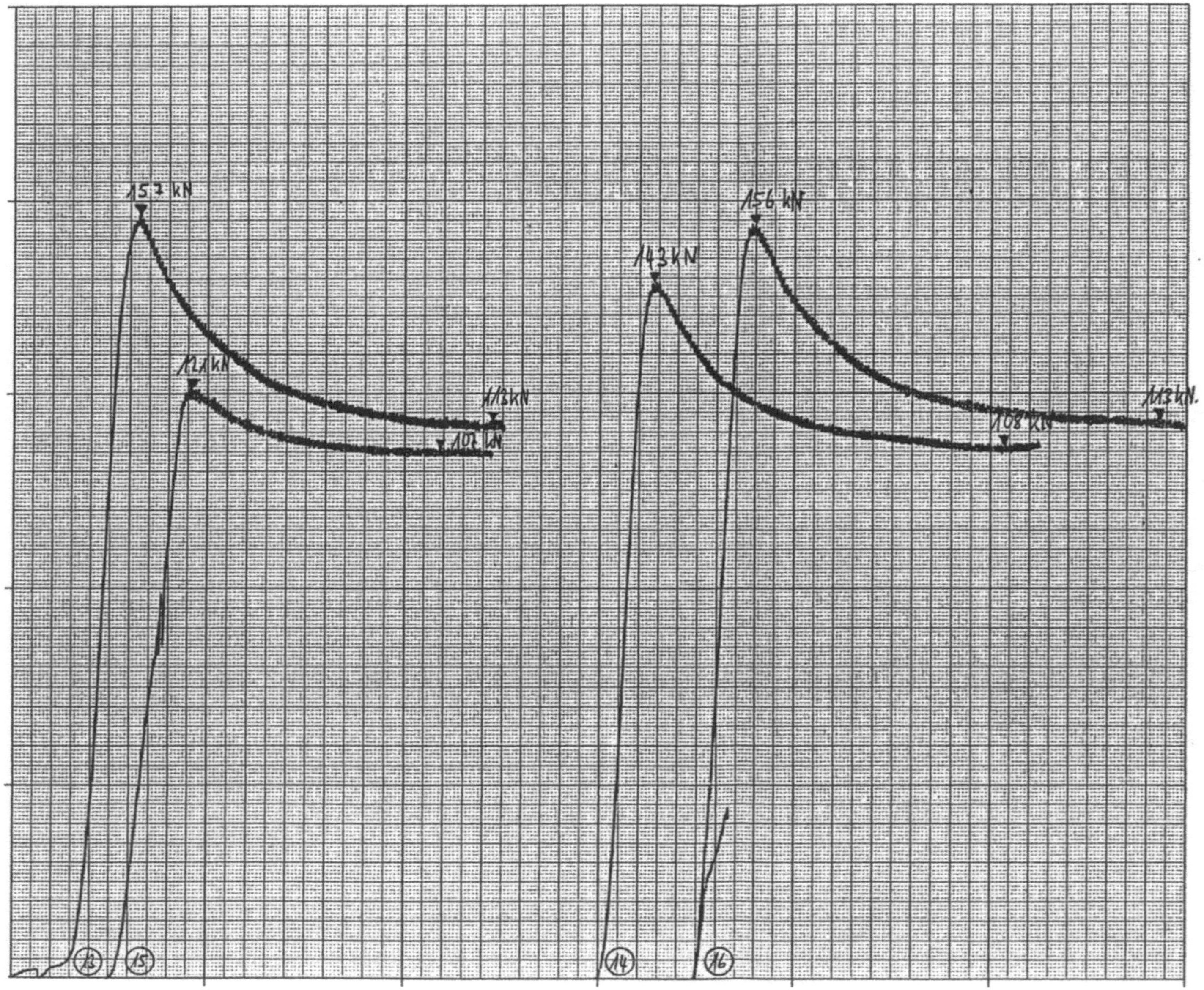

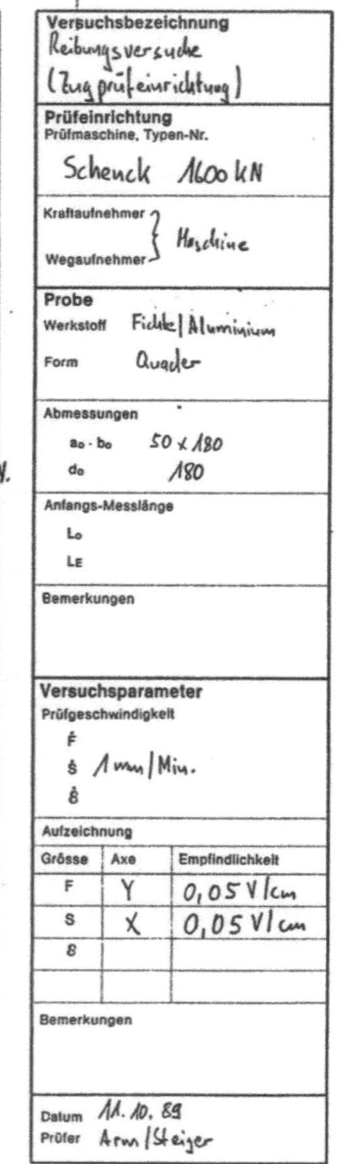

Versuchsbezeichnung	Reibungsversuche (Zugprüfeinrichtung)
Prüfeinrichtung Prüfmaschine, Typen-Nr.	Schenck 1600 kN
Kraftaufnehmer / Wegaufnehmer	Maschine
Probe Werkstoff	Fichte / Aluminium
Form	Quader
Abmessungen $a_0 \cdot b_0$	50 x 180
d_0	180
Anfangs-Messlänge L_0	
L_E	
Bemerkungen	
Versuchsparameter Prüfgeschwindigkeit $\dot{F}$	
$\dot{s}$	1 mm / Min.
$\dot{\varepsilon}$	

Aufzeichnung

Grösse	Axe	Empfindlichkeit
F	Y	0,05 V/cm
S	X	0,05 V/cm
ε		

Bemerkungen	
Datum	11.10.89
Prüfer	Arm/Steiger

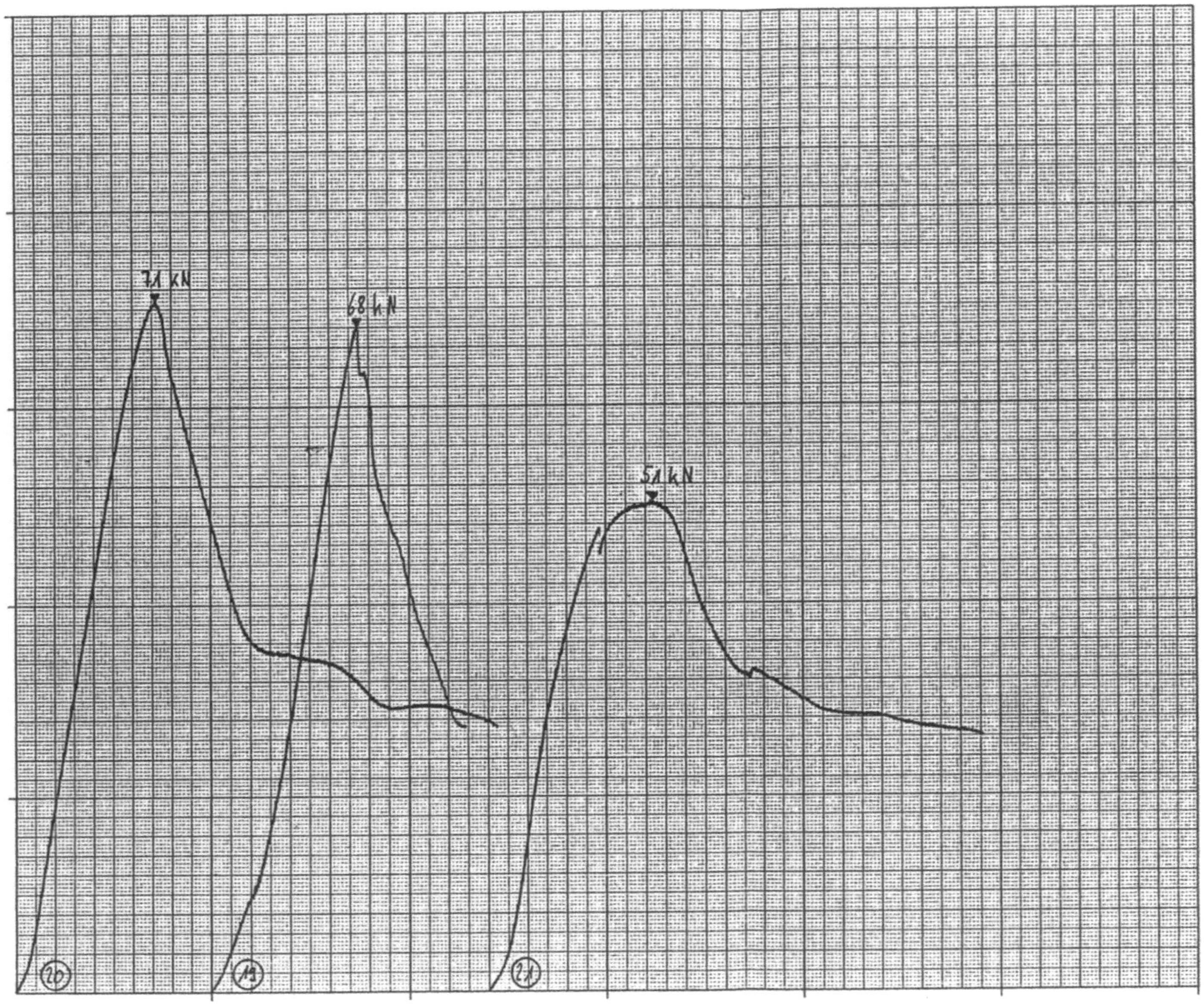

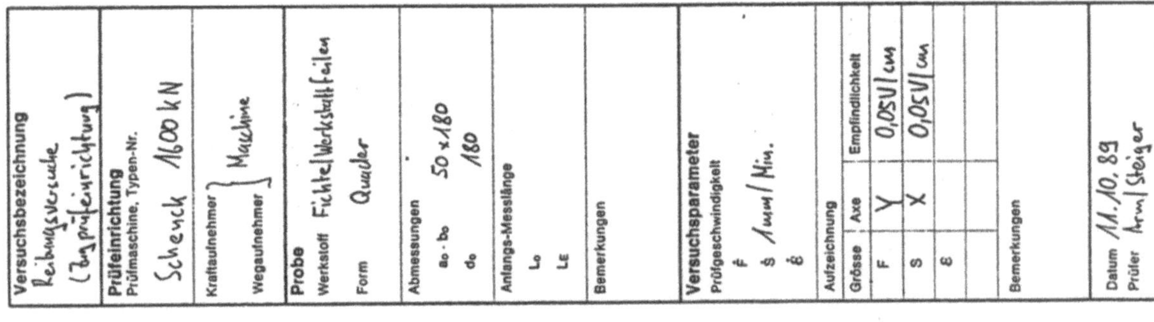

Versuchsbezeichnung
Reibungsversuche
(Zugprüfeinrichtung)

Prüfeinrichtung
Prüfmaschine, Typen-Nr. Schenck 1600 kN
Kraftaufnehmer, Wegaufnehmer } Maschine

Probe
Werkstoff Fichte/Werkstattfeilen
Form Quader

Abmessungen
$a_0 \cdot b_0$ 50 x 180
d_0 180

Anfangs-Messlänge
L_0
L_E

Bemerkungen

Versuchsparameter
Prüfgeschwindigkeit
$\dot{F}$
$\dot{s}$ 1 mm/Min.
$\dot{\varepsilon}$

Aufzeichnung

Grösse	Axe	Empfindlichkeit
F	Y	0,05V/cm
S	X	0,05V/cm
ε		

Bemerkungen

Datum 11.10.89
Prüfer Arm/Steiger

7,1 kN
6,8 kN
5,1 kN
(20)
(19)
(21)

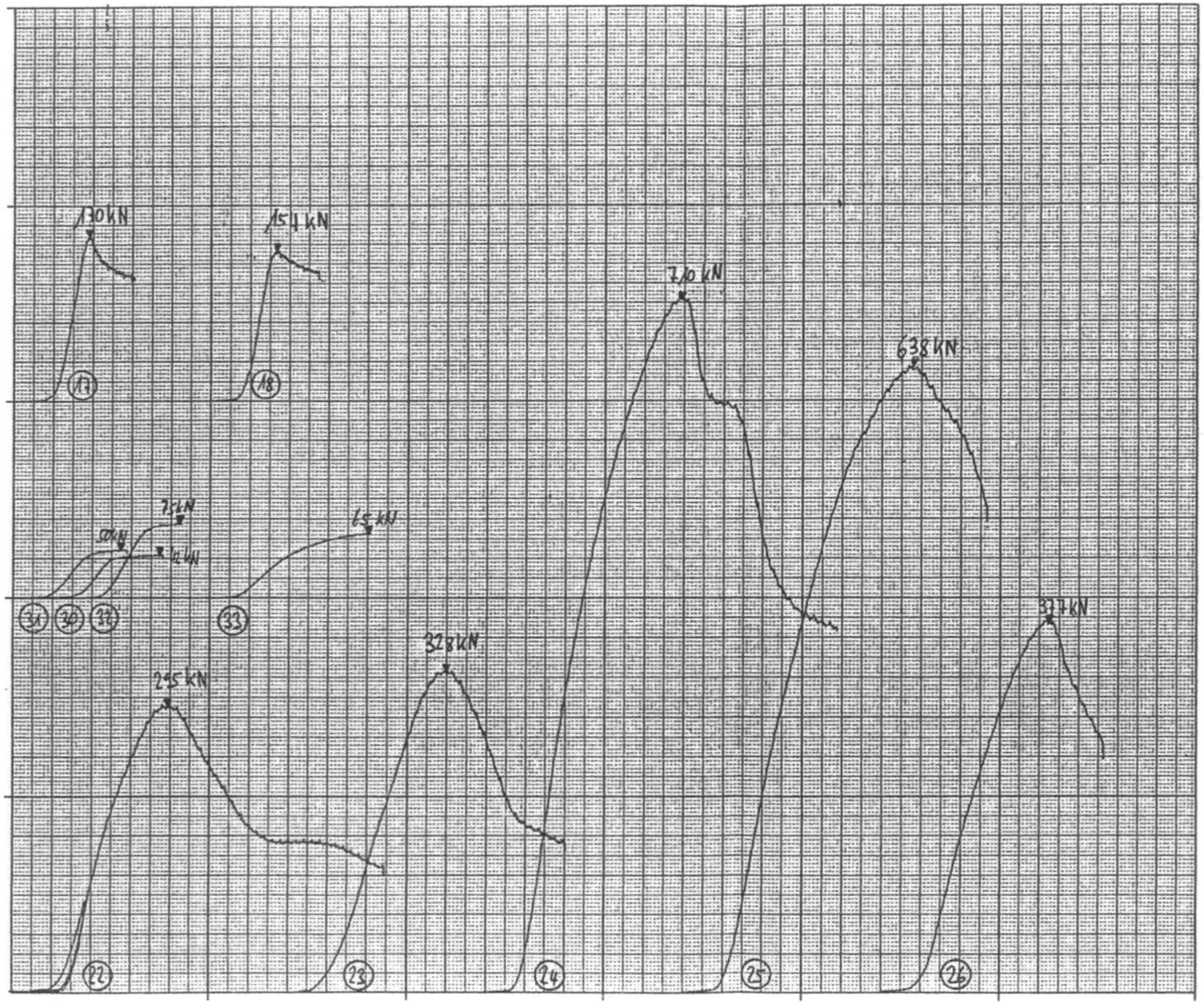

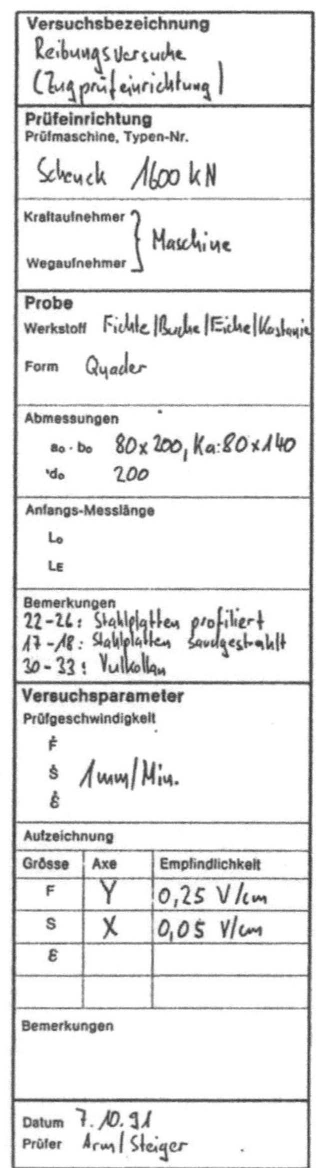

Versuchsbezeichnung
Reibungsversuche (Zugprüfeinrichtung)

Prüfeinrichtung
Prüfmaschine, Typen-Nr. Schenck 1600 kN

Kraftaufnehmer, Wegaufnehmer: Maschine

Probe
Werkstoff: Fichte/Buche/Eiche/Kastanie
Form: Quader

Abmessungen
$a_0 \cdot b_0$: 80x200, Ka: 80x140
d_0: 200

Anfangs-Messlänge
L_0
L_E

Bemerkungen
22-26: Stahlplatten profiliert
17-18: Stahlplatten sandgestrahlt
30-33: Vulkollan

Versuchsparameter
Prüfgeschwindigkeit
$\dot{F}$
$\dot{s}$: 1 mm/Min.
$\dot{\varepsilon}$

Aufzeichnung

Grösse	Axe	Empfindlichkeit
F	Y	0,25 V/cm
S	X	0,05 V/cm
ε		

Bemerkungen

Datum: 7.10.91
Prüfer: Arm/Steiger

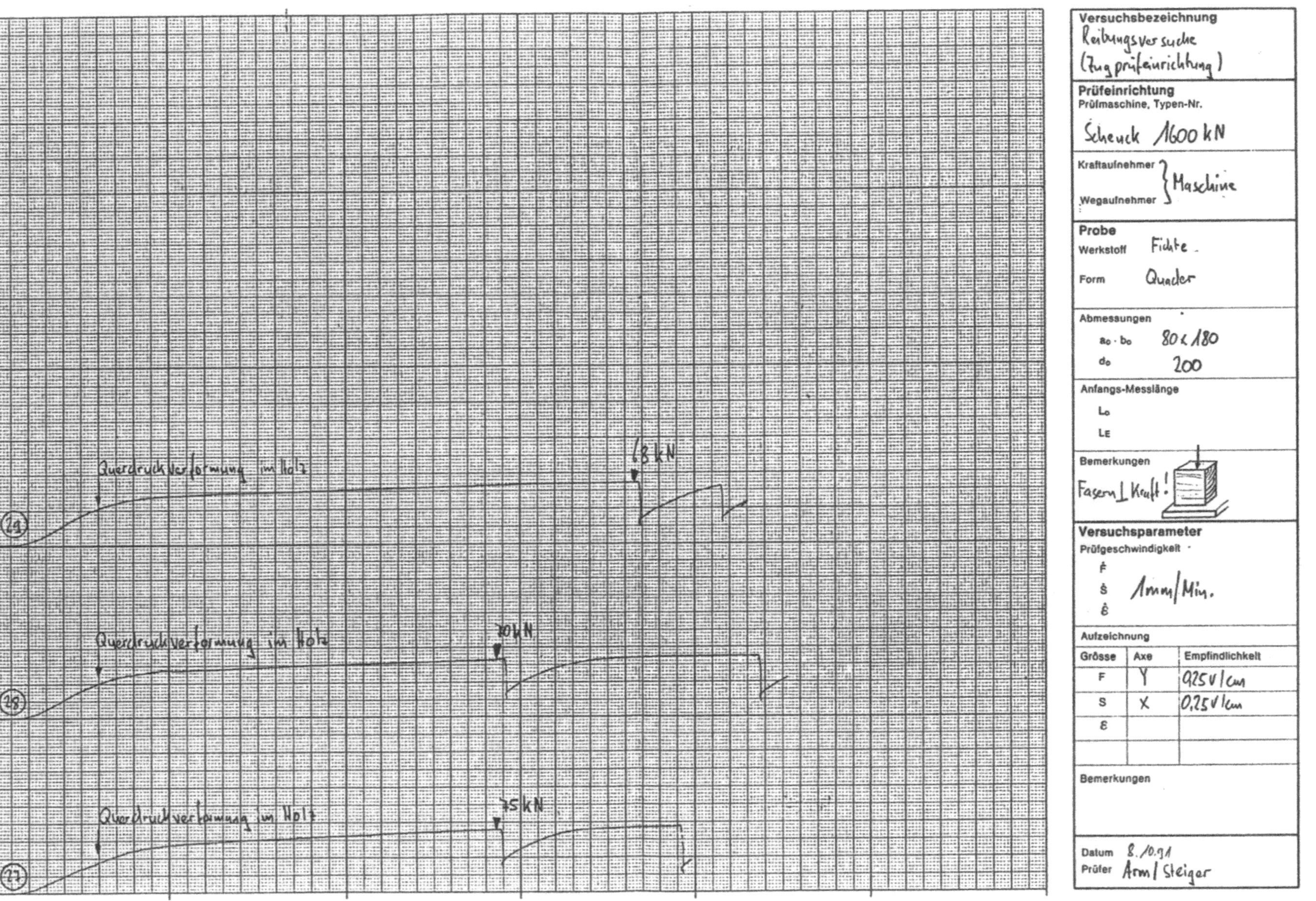

Versuchsbezeichnung
Reibungsversuche
(Zugprüfeinrichtung)

Prüfeinrichtung
Prüfmaschine, Typen-Nr.
Schenck 1600 kN

Kraftaufnehmer, Wegaufnehmer: Maschine

Probe
Werkstoff: Fichte.
Form: Quader

Abmessungen
$a_0 \cdot b_0$: 80 x 180
d_0: 200

Anfangs-Messlänge
L_0
L_E

Bemerkungen
Fasern ⊥ Kraft!

Versuchsparameter
Prüfgeschwindigkeit
$\dot{F}$
$\dot{s}$: 1 mm/Min.
$\dot{\varepsilon}$

Aufzeichnung

Grösse	Axe	Empfindlichkeit
F	Y	0,25 V/cm
S	X	0,25 V/cm
ε		

Bemerkungen

Datum: 8.10.91
Prüfer: Arm/Steiger

Anhang 2: Zug-Einspannvorrichtung: Prototyp

A.2.1 Konterplatte: Skizze im Massstab 1:4

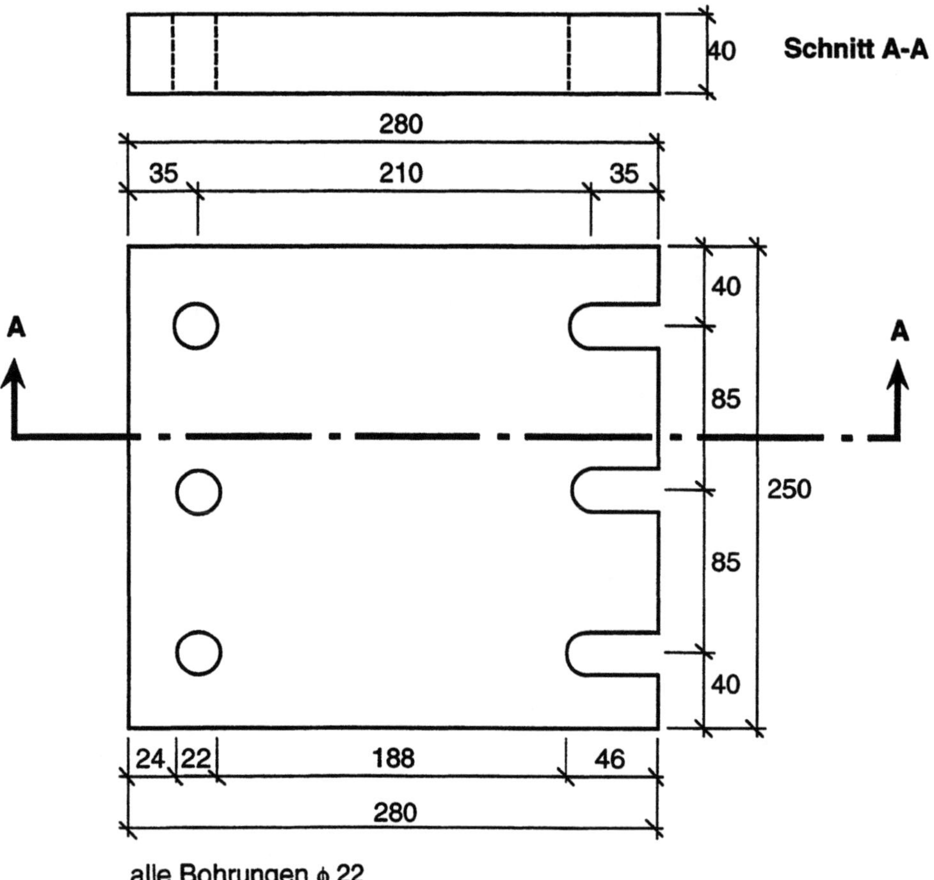

alle Bohrungen ϕ 22

A.2.2 Verteilplatte: Skizze im Massstab 1:4

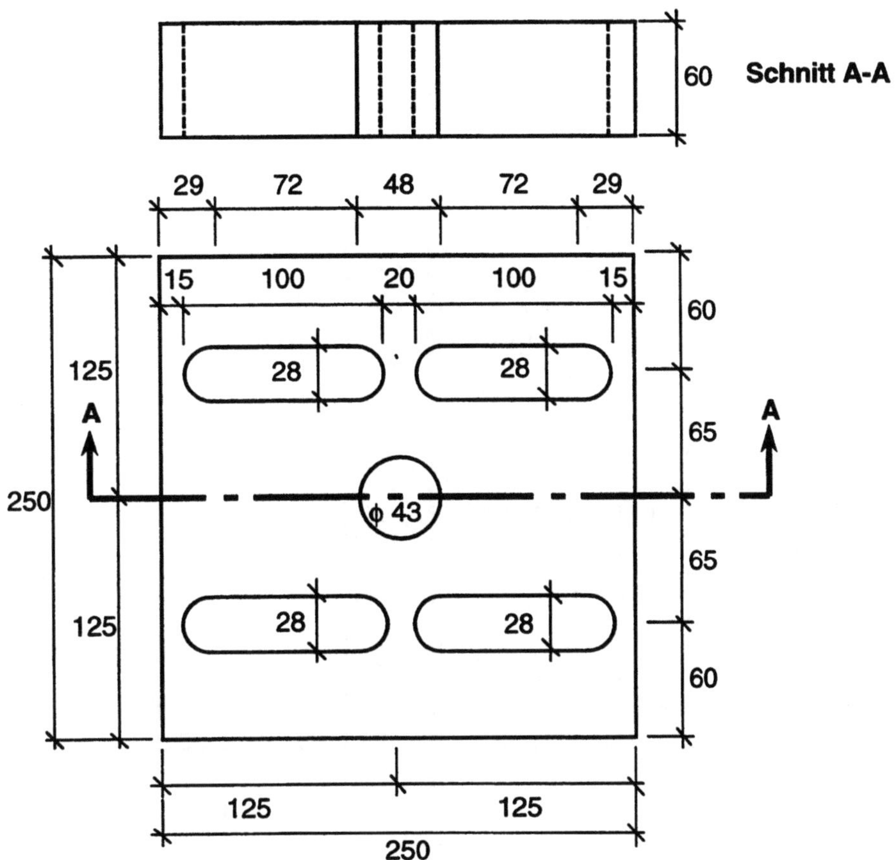

A.2.3 Klemmplatte: Skizze im Massstab 1:4

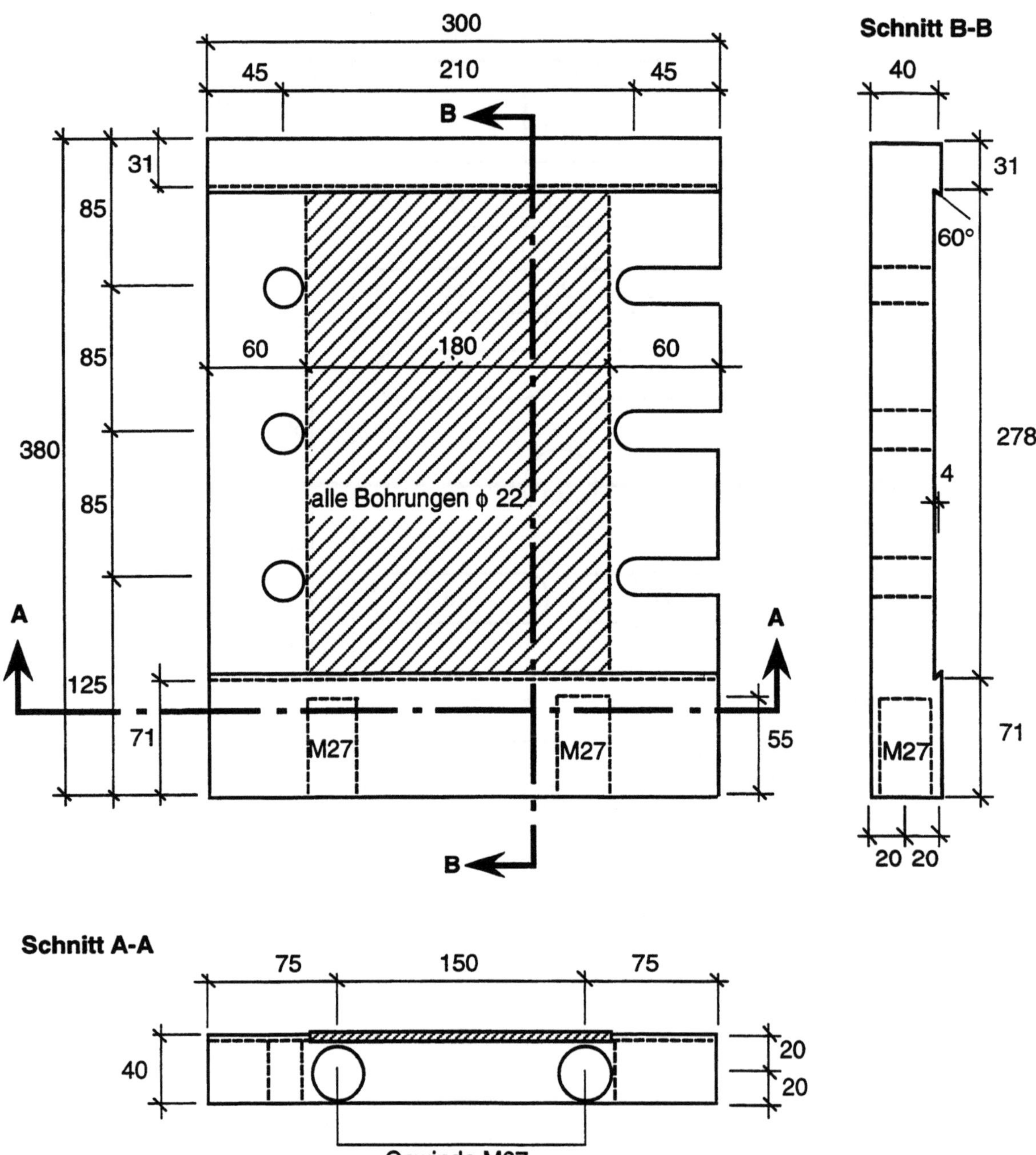

A.2.4. Federdiagramm Tellerfeder [21]

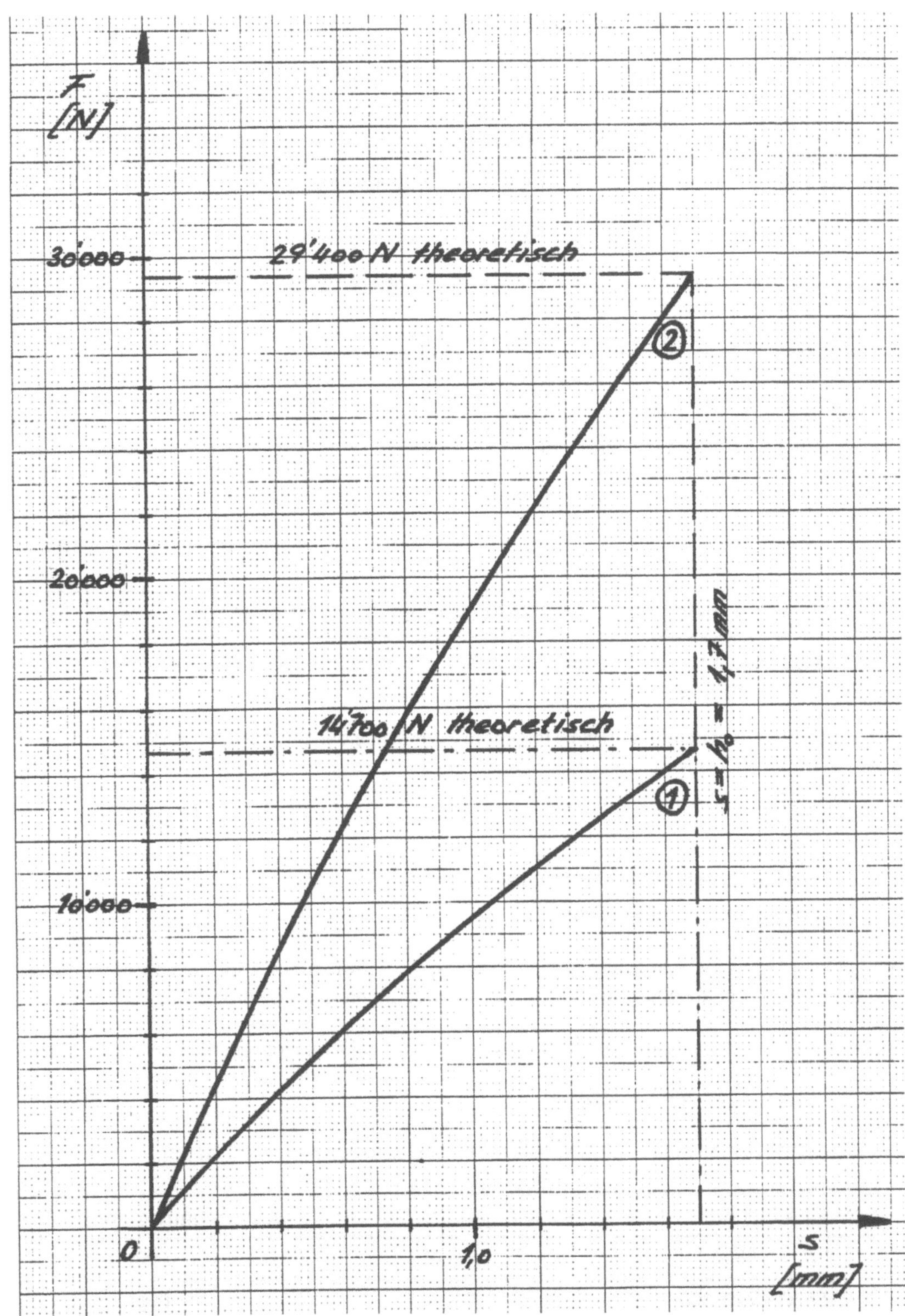

Das Diagramm zeigt das Kraft-Verformungsverhalten von Tellerfedern des Typs 60 x 20.5 x 3.0 mit einer Maximalverformung von h_0 = 1.7 mm. Kurve 1 gilt für eine Federlage einfach und Kurve 2 für eine Federlage zweifach. Die Federn bestehen aus Federstahl mit der Werkstoffnummer 1.8159 gemäss DIN 17221.

A.2.5 Kenndaten der Probekörper

	Abmessungen					Ultraschall					Qualität	
						Laufzeit		Geschwindigkeit				
Nr.	b [mm]	h [mm]	ℓ [mm]	G [kg]	w [1)] [%]	t_1 [µs]	t_2 [µs]	v_1 [m/s]	v_2 [m/s]	$v_{min,12}$ [3)] [m/s]	Darrdichte [kg/m³] [2)]	FK [4)]
V 1	76	158	2000	9.35	11	332	334	6024	5988	5959	364	C40
V 2	76	158	2000	11.5	11	319	325	6270	6154	6125	451	C40
V 3	76	158	2000	10.1	11	334	315	5988	6349	5959	394	C40
V 4	76	158	2000	15.7	12	342	341	5848	5865	5848	623	C40
V 5	76	158	2000	12.4	12	319	322	6270	6211	6211	485	C40
V 6	76	158	2000	15.6	12	350	318	5714	6289	5714	619	C35
V 7	67	154	1755	A25	11	302	294	5811	5969	5782	428	C35
V 8	67	154	1775	A05	12	296	295	5997	6017	5997	410	C40
V 9	67	154	2145	10.3	12	372	377	5766	5690	5690	435	C35
V 10	67	154	2005	10.2	11	362	347	5539	5778	5510	465	C27

1) Die Holzfeuchte wurde mittels eines elektrischen Widerstandsmessgerätes bestimmt und hat entsprechend eine Genauigkeit von ± 1%.

2) Die Darrdichte errechnete man mittels folgender Formel aus der SIA 164 (Art. 4 22 22):

$$r_0 = \frac{1+\lambda_v \cdot w/100}{1+w/100} \cdot r_w \quad \text{mit} \quad r_w = \frac{m_w}{V_w}$$

m_w: Feuchtmasse

V_w: Feuchtvolumen bei einer Holzfeuchte von w (in%)

λ_v: volumetrisches Schwindmass

Als volumetrisches Schwindmass gilt die Summe der Schwindmasse in radialer, tangentialer und Längsrichtung. λ_v ist abhängig von der Holzart und beträgt näherungsweise $0.91 \cdot r_0$.

3) Minimum der Geschwindigkeiten v_1 und v_2, umgerechnet auf eine Holzfeuchte von w = 12% [24]

$$v_{12} = v_w + 29(w - 12) \quad \text{für} \quad w < 30\%$$

4) Die Ultraschall-Sortierkriterien für Kantholz mit einer Holzfeuchte von 12% lauten:

Schallgeschwindigkeit [m/s]	Klasse gemäss SIA 164	Klasse gemäss prEN 338
v ≥ 5800	(FK0)	C40
5650 ≤ v < 5800	FK I	C35
5450 ≤ v < 5650	FK II	C27
5250 ≤ v < 5450	FK III	C22
5100 ≤ v < 5250	HC	C18
v < 5100	HC	HC

A.2.6 Kraft-Verformungsdiagramme

Die Seiten 64 bis 66 zeigen Kraft-Verformungsdiagramme registriert mit dem XY-Schreiber der Universalprüfmaschine SCHENCK 1600 kN:

Seite 64	Versuche V 1 bis V 3
Seite 65	Versuche V 4 bis V 6 und V 10
Seite 66	Versuche V 7 bis V 9

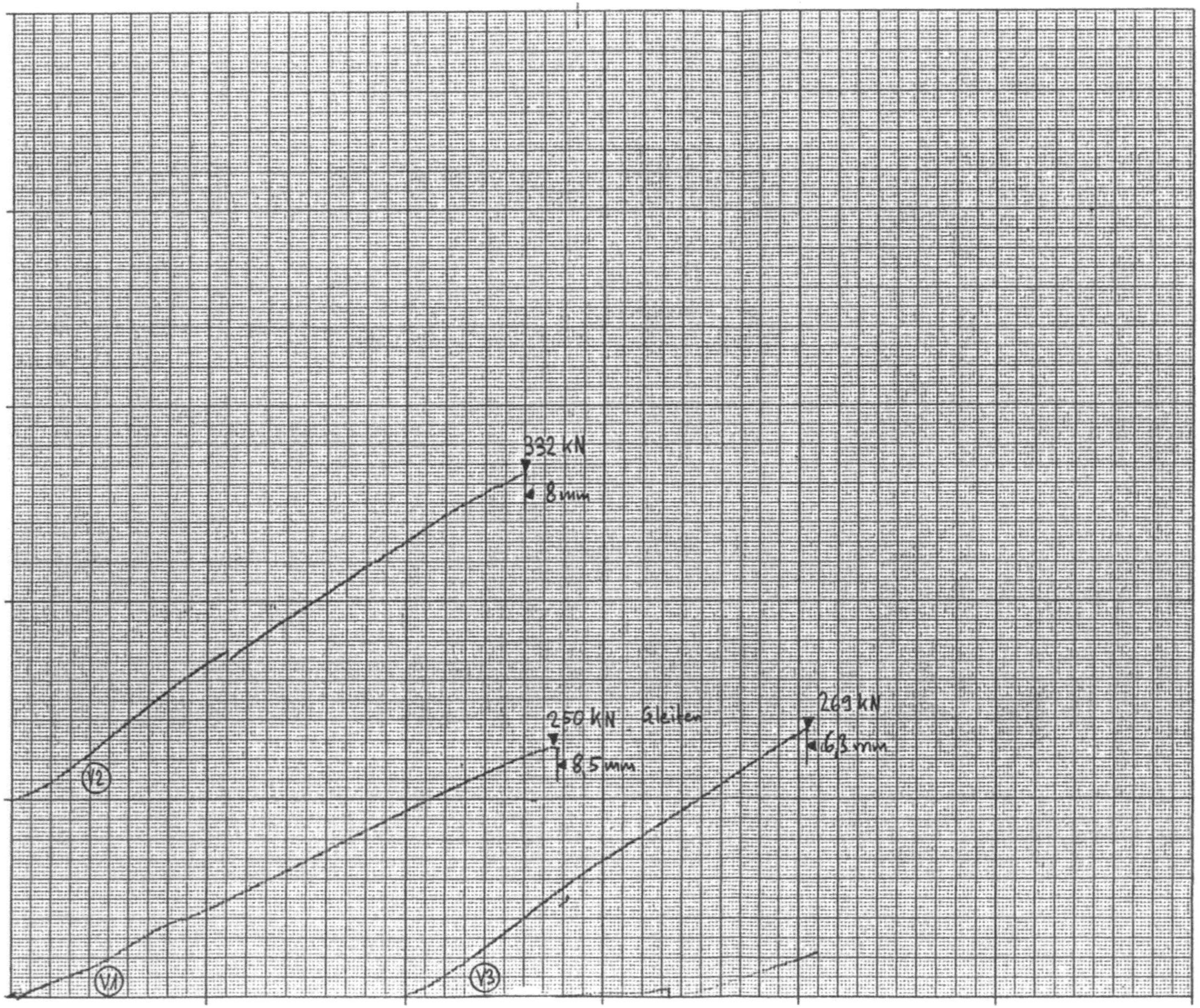

332 kN
8 mm
250 kN Gleiten
8,5 mm
269 kN
6,3 mm
V2
V1
V3

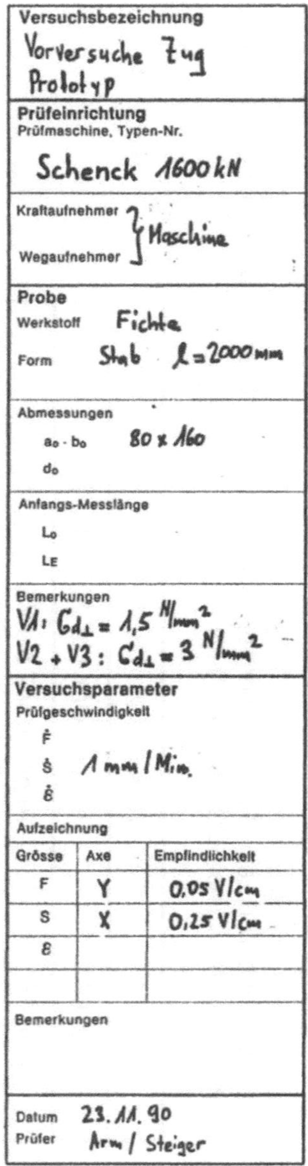

Versuchsbezeichnung
Vorversuche Zug
Prototyp

Prüfeinrichtung
Prüfmaschine, Typen-Nr.
Schenck 1600 kN

Kraftaufnehmer
Wegaufnehmer
} Maschine

Probe
Werkstoff: Fichte
Form: Stab $\ell = 2000$ mm

Abmessungen
$a_0 \cdot b_0$: 80 x 160
d_0

Anfangs-Messlänge
L_0
L_E

Bemerkungen
V1: $\sigma_{d\perp} = 1{,}5$ N/mm²
V2 + V3: $\sigma_{d\perp} = 3$ N/mm²

Versuchsparameter
Prüfgeschwindigkeit
$\dot{F}$
$\dot{s}$: 1 mm/Min.
$\dot{\varepsilon}$

Aufzeichnung

Grösse	Axe	Empfindlichkeit
F	Y	0,05 V/cm
s	X	0,25 V/cm
ε		

Bemerkungen

Datum: 23.11.90
Prüfer: Arn / Steiger

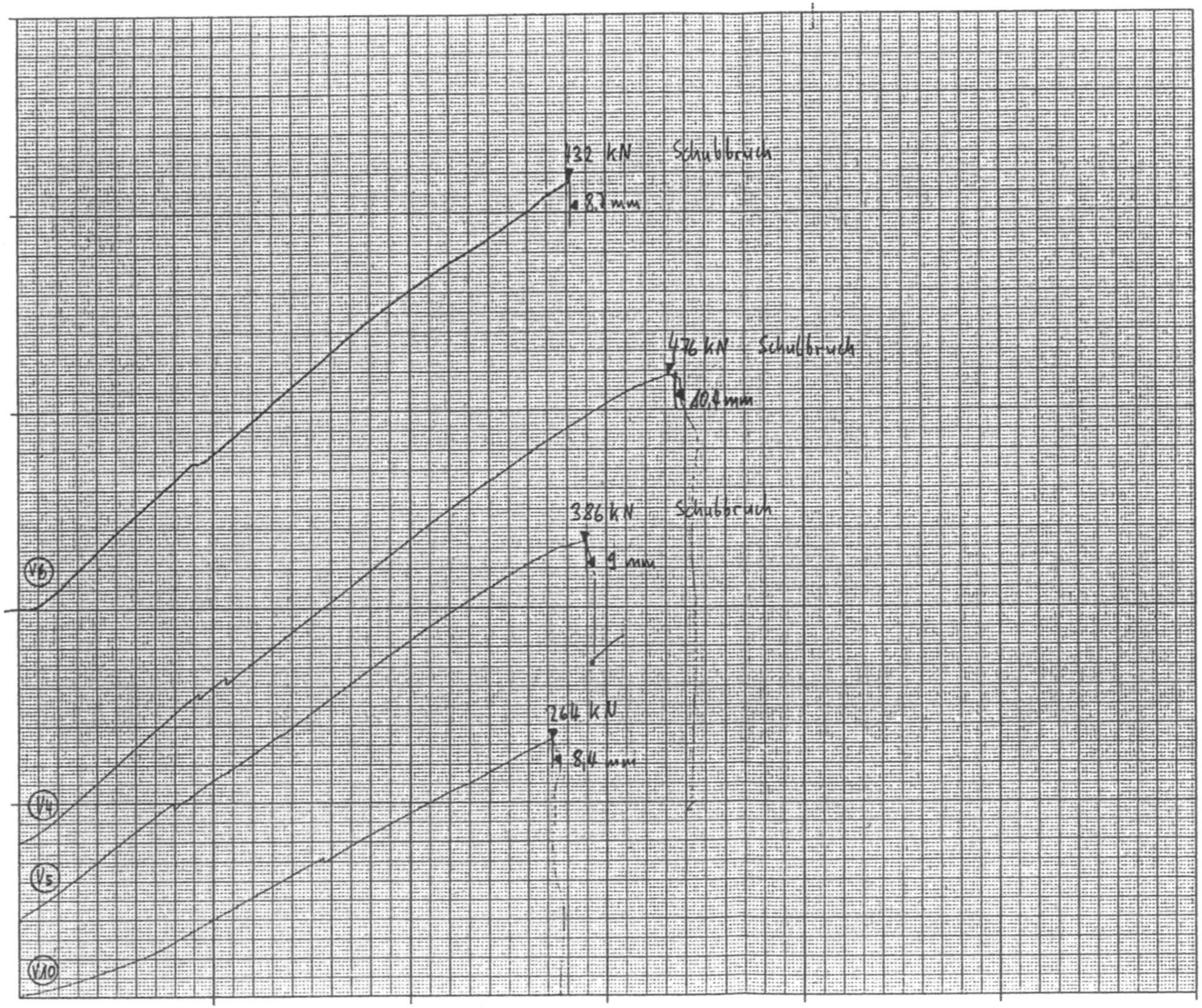

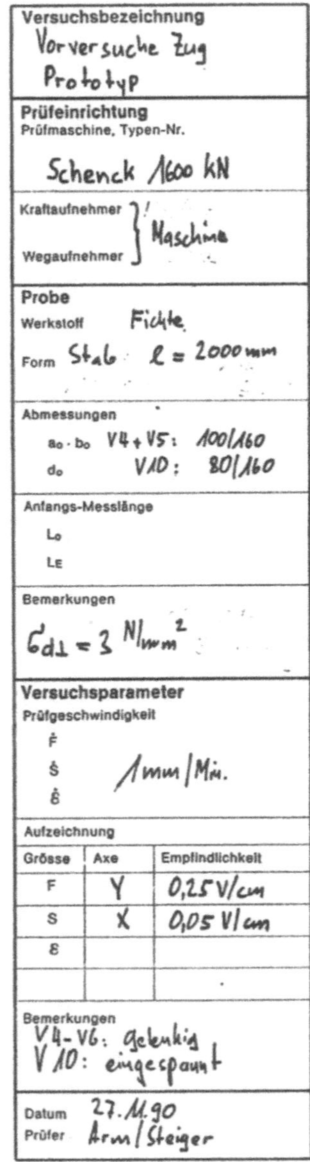

Versuchsbezeichnung
Vorversuche Zug
Prototyp

Prüfeinrichtung
Prüfmaschine, Typen-Nr.
Schenck 1600 kN

Kraftaufnehmer } Maschine
Wegaufnehmer }

Probe
Werkstoff: Fichte
Form: Stab ℓ = 2000 mm

Abmessungen
$a_0 \cdot b_0$ V4 + V5: 100/160
d_0 V10: 80/160

Anfangs-Messlänge
L_0
L_E

Bemerkungen
$\sigma_{d\perp} = 3\ N/mm^2$

Versuchsparameter
Prüfgeschwindigkeit
$\dot{F}$
$\dot{S}$ 1 mm/Min.
$\dot{\varepsilon}$

Aufzeichnung

Grösse	Axe	Empfindlichkeit
F	Y	0,25 V/cm
S	X	0,05 V/cm
ε		

Bemerkungen
V4 - V6: gelenkig
V10: eingespannt

Datum: 27.11.90
Prüfer: Arm/Steiger

132 kN Schubbruch
8,7 mm
476 kN Schubbruch
10,4 mm
386 kN Schubbruch
9 mm
264 kN
8,4 mm
V6
V4
V5
V10

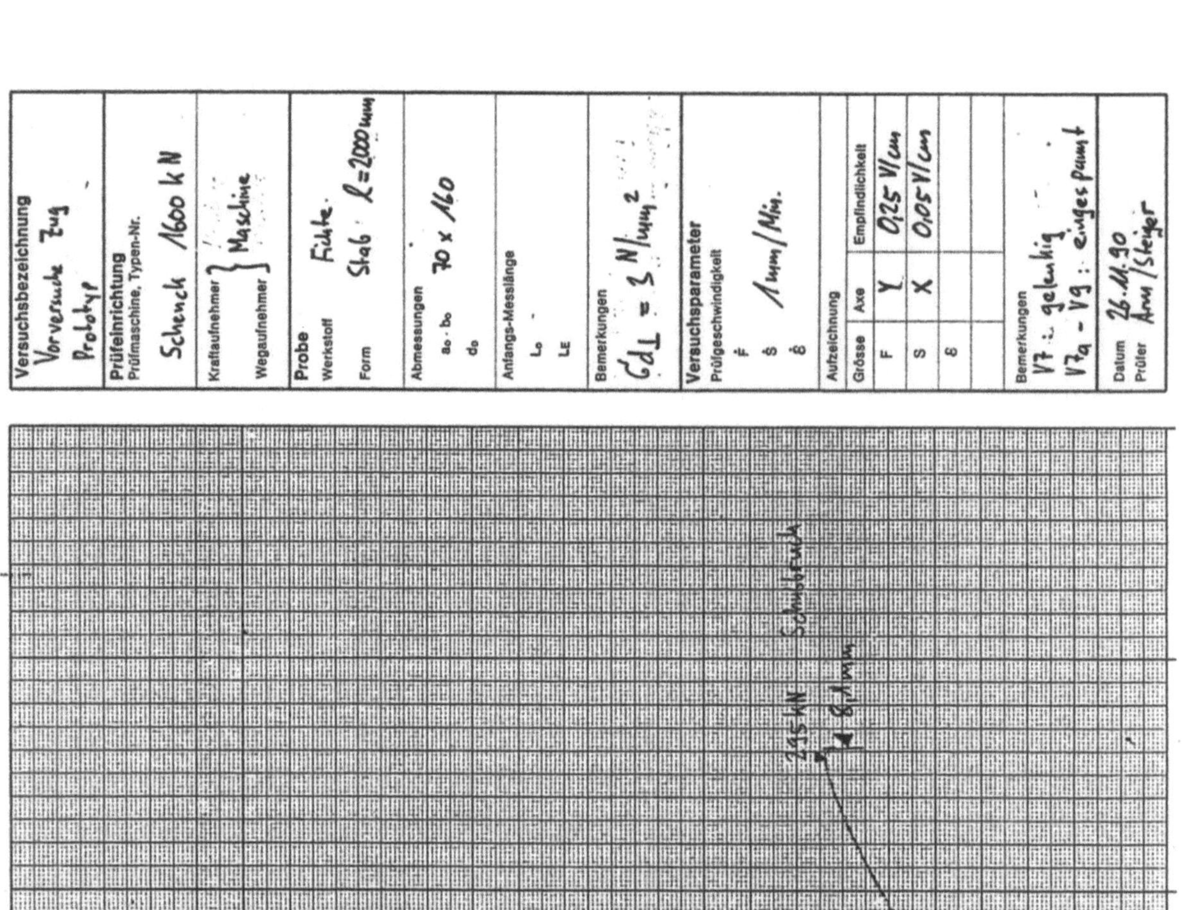
Versuchsbezeichnung
Vorversuche Zug
Prototyp
Prüfeinrichtung
Prüfmaschine, Typen-Nr.
Schenck 1600 kN
Kraftaufnehmer
Wegaufnehmer
Maschine
Probe
Werkstoff
Fichte
Form
Stab l = 2000 mm
Abmessungen
$a_0 \cdot b_0$
70 x 160
d_0
Anfangs-Messlänge
L_0
L_E
Bemerkungen
$\sigma_{d\perp} = 3\ N/mm^2$
Versuchsparameter
Prüfgeschwindigkeit
1 mm/Min.
Aufzeichnung
Grösse
Axe
Empfindlichkeit
F
Y
0,25 V/cm
S
X
0,05 V/cm
Bemerkungen
V7: gelenkig
V7a - V9: eingespannt
Datum 26.11.90
Prüfer
295 kN
8,1 mm
Schubbruch
298 kN
8,4 mm
298 kN
7,5 mm
272 kN
6,8 mm
V7a
V7

Anhang 3: Zug-Einspannvorrichtung

A.3.1 Klemmplatte mit Verlängerungsstück: Prinzipskizze

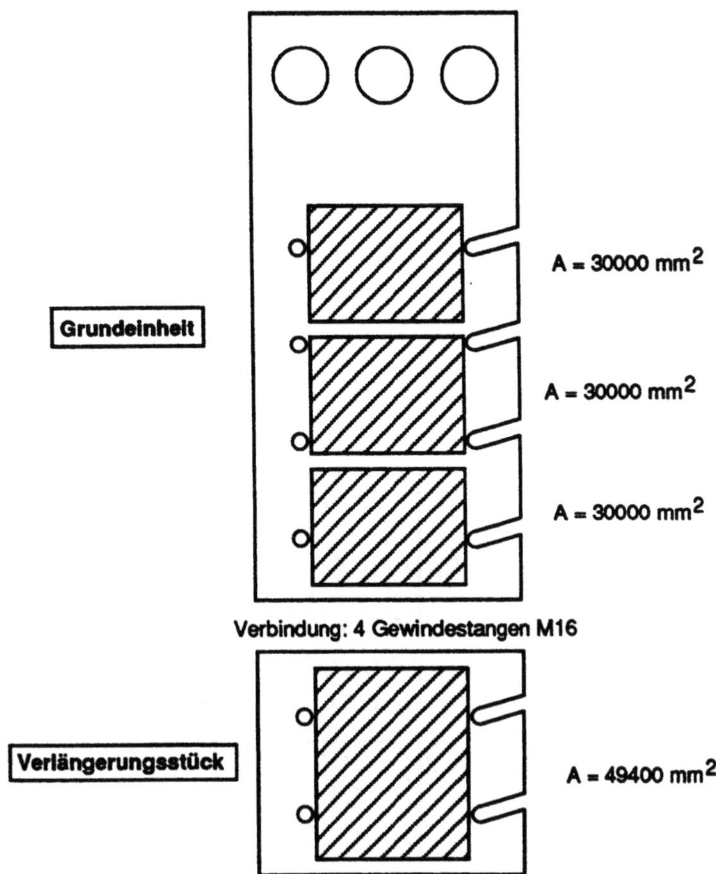

A.3.2 Verlängerungsstück: Skizze im Massstab 1:5

Verbindung mit Grundeinheit: 4 x M16

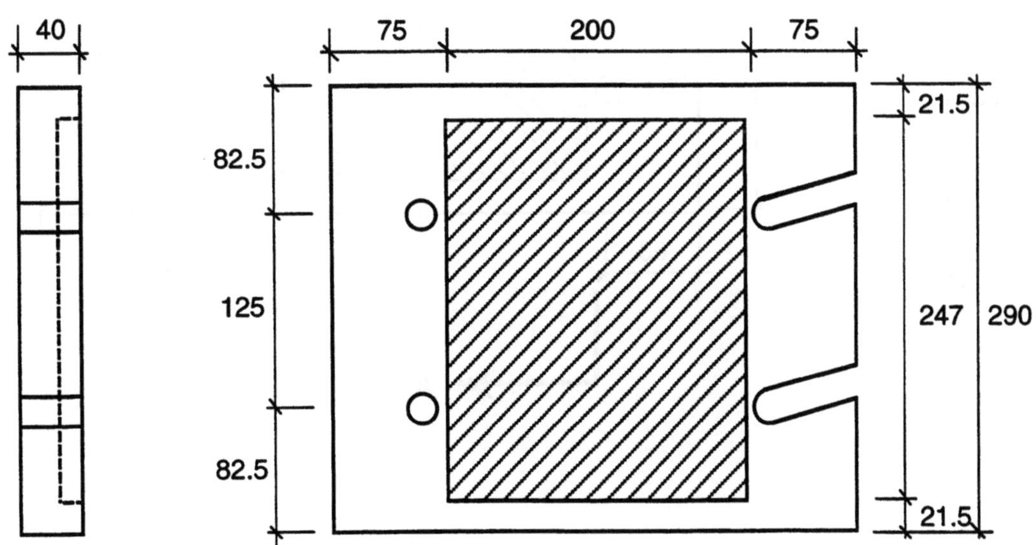

A.3.3 Grundeinheit: Skizze im Massstab 1:5

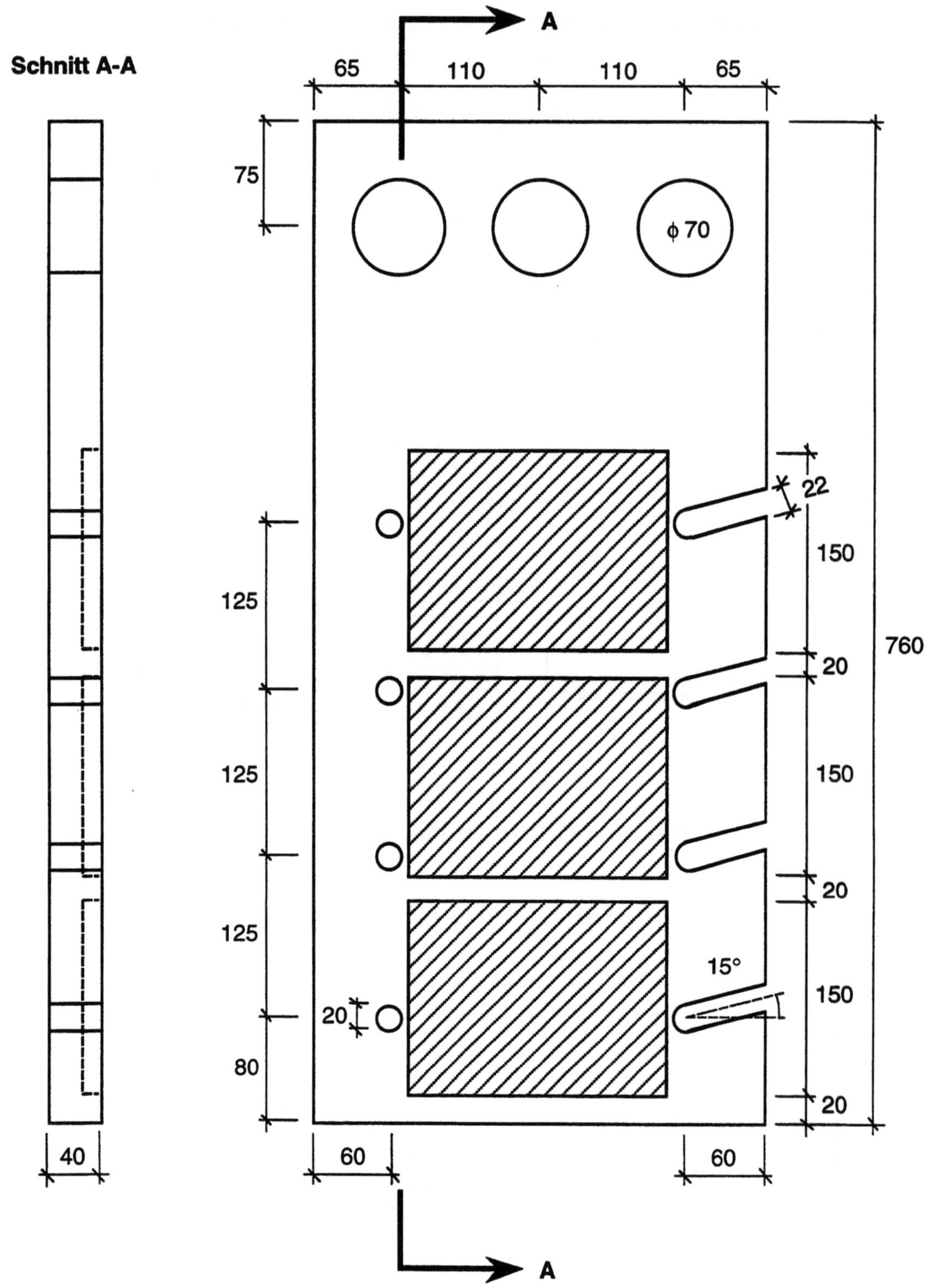

A.3.4 Konterplatten: Skizze im Massstab 1:5

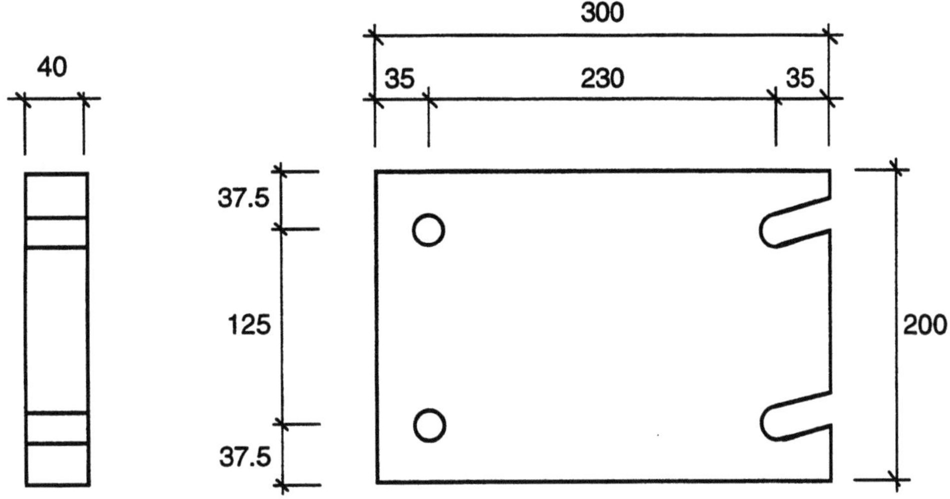

A.3.5 Krafteinleitungslaschen als Übergang zur Prüfmaschine: Skizze im Massstab 1:5

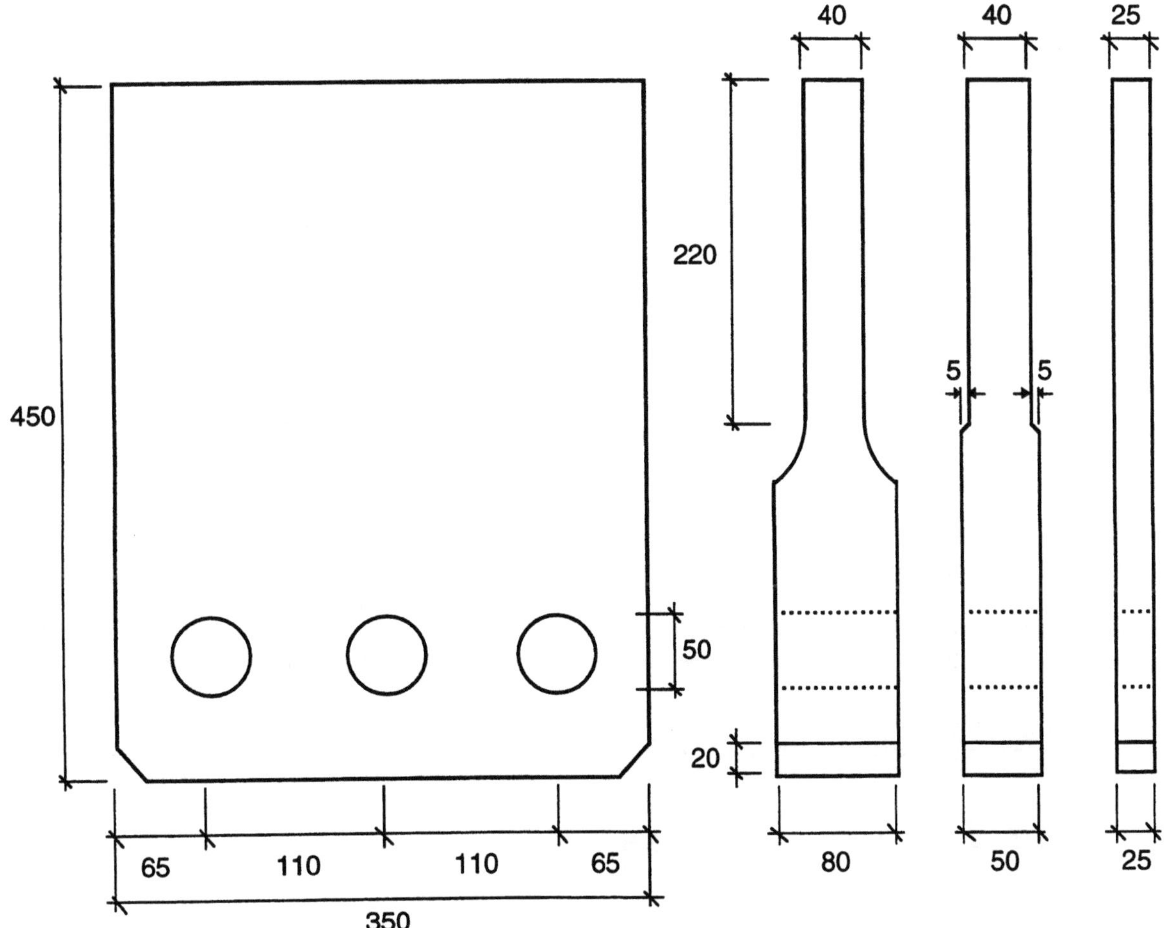

A3.6 Elastische Ankoppelung des Verlängerungsstücks

A.3.6.1 Problemstellung

Wie auch schon Versuche mit dem Prototyp gezeigt haben, kann man nicht mit einer über die gesamte Klemmlänge gleichmässig verteilten Schubspannung rechnen. Am äusseren Ende des Klemmbereichs sind die eingeleiteten Spannungen geringer als am inneren Ende. Mit länger werdendem Krafteinleitungsbereich besteht die Gefahr, dass in den äusseren Bereichen der Klemmzone praktisch keine Kraft mehr übertragen wird.

A.3.6.2 Dimensionierung der Koppelung

Das Verlängerungsstück soll so mit der Grundeinheit verbunden werden, dass es lediglich die seiner Reibungsfläche entsprechende Kraft aufnimmt. Anschliessend soll eine Klaffung zwischen den zwei Teilen eintreten können, so dass auch die Reibungsplatten in der Grundeinheit Kraft aufnehmen. Konstruktiv sollen dies Verbindungsmittel mit dem Querschnitt des Probekörpers angepasster Dehnsteifigkeit ermöglichen.

Die Dehnungen lokal im Holz und im Stahl müssen gleich sein. Diese Forderung wird durch folgende Formel ausgedrückt:

$$\frac{A_{Stahl}}{A_{Holz}} = \frac{E_{Holz}}{E_{Stahl}}$$

Bekannterweise beträgt der E-Modul von Stahl 210000 N/mm². Bei Holz ist der E-Modul direkt proportional zur Materialqualität. Der Schwankungsbereich für Fichtenholz liegt zwischen 8000 und 16000 N/mm². In der SIA 164 ist ein für normales Bauholz einzusetzender Mittelwert von 10000 N/mm² angegeben (11500 N/mm² auf effektive Querschnitte bezogen). Das Verhältnis der Elastizitätsmoduli E_{Stahl} / E_{Holz} schwankt also zwischen 13 und 26. Der SIA - Normwert von E = 10000 N/mm² ergibt ein Verhältnis von 21. Bei Harthölzern sind die E-Moduli ca. um 25% grösser als bei Fichtenholz, die Verhältniswerte E_{Stahl} / E_{Holz} also entsprechend 25 % kleiner.

Die mit dem Verlängerungsstück zu prüfenden Querschnitte betragen minimal 8/12 und maximal 10/20. Es ergeben sich also folgende Stahlflächen:

A_{min} = 366 mm² (Fichtenkantholz 8/12 mit E = 8000 N/mm²)

A_{max} = 1524 mm² (Fichtenkantholz 10/20 mit E = 16000 N/mm²)

Aus konstruktiven Gründen (Platzprobleme) war es möglich gewesen, entweder zwei, drei oder vier Verbindungselemente zu verwenden. Eine einfache Lösung ergab sich durch Anordnung von vier Elementen, wobei man wahlweise je nach Probenquerschnitt allenfalls nur deren zwei montieren kann. Es sind also minimal vier und maximal acht Verbindungselemente pro Einspannkopf vorhanden. Der erforderliche Durchmesser für die Gewindestangen beträgt dann:

$$\frac{A_{min}}{4} = \frac{366}{4} = 91.5 \quad \text{ergibt} \quad \varnothing 10.8$$

$$\frac{A_{max}}{8} = \frac{1524}{8} = 191 \quad \text{ergibt} \quad \varnothing 15.6$$

Das Verlängerungsstück kann optional mit vier Gewindestangen M16 (grosse Probenquerschnitte) oder mit zwei Stangen M16 (kleine Querschnitte) an die Grundeinheit angekoppelt werden.

A.3.6.3 Bemessungstabelle und Nomogramm

1. Flächen der Prüfkörper [$mm^2 \cdot 10^{-3}$]

[mm]	Dicke														
Breite	30	35	40	45	50	55	60	65	70	75	80	85	90	95	100
80	2.40	2.80	3.20	3.60	4.00	4.40	4.80	5.20	5.60	6.00	6.40	6.80	7.20	7.60	8.00
90	2.70	3.15	3.60	4.05	4.50	4.95	5.40	5.85	6.30	6.75	7.20	7.65	8.10	8.55	9.00
100	3.00	3.50	4.00	4.50	5.00	5.50	6.00	6.50	7.00	7.50	8.00	8.50	9.00	9.50	10.0
110	3.30	3.85	4.40	4.95	5.50	6.05	6.60	7.15	7.70	8.25	8.80	9.35	9.90	10.5	11.0
120	3.60	4.20	4.80	5.40	6.00	6.60	7.20	7.80	8.40	9.00	9.60	10.2	10.8	11.4	12.0
130	3.90	4.55	5.20	5.85	6.50	7.15	7.80	8.45	9.10	9.75	10.4	11.1	11.7	12.4	13.0
140	4.20	4.90	5.60	6.30	7.00	7.70	8.40	9.10	9.80	10.5	11.2	11.9	12.6	13.3	14.0
150	4.50	5.25	6.00	6.75	7.50	8.25	9.00	9.75	10.5	11.3	12.0	12.8	13.5	14.3	15.0
160	4.80	5.60	6.40	7.20	8.00	8.80	9.60	10.4	11.2	12.0	12.8	13.6	14.4	15.2	16.0
170	5.10	5.95	6.80	7.65	8.50	9.35	10.2	11.1	11.9	12.8	13.6	14.5	15.3	16.2	17.0
180	5.40	6.30	7.20	8.10	9.00	9.90	10.8	11.7	12.6	13.5	14.4	15.3	16.2	17.1	18.0
190	5.70	6.65	7.60	8.55	9.50	10.5	11.4	12.4	13.3	14.3	15.2	16.2	17.1	18.1	19.0
200	6.00	7.00	8.00	9.00	10.0	11.0	12.0	13.0	14.0	15.0	16.0	17.0	18.0	19.0	20.0

2. Optimierung der Verbindungssteifigkeit in Funktion von Holzfläche und E-Modul-Verhältnis

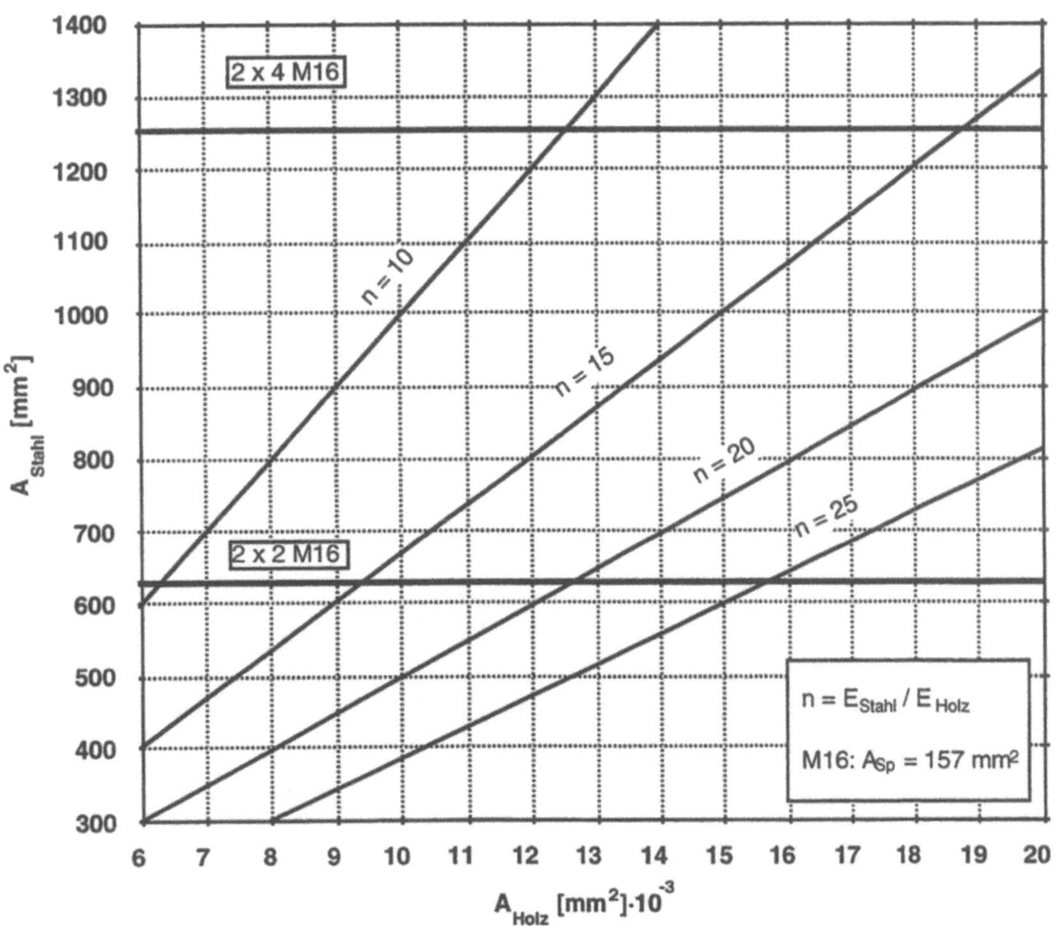

Berichte des IBK beim Birkhäuser Verlag Basel

Die aufgeführten Berichte sind unter Angabe der ISBN-Nr. direkt beim Birkhäuser Verlag Basel zu bestellen. Adresse: Postfach 155, 4010 Basel (Tel. 061 721 77 84).

C. Menn:
Bonding of Old and New Concrete for Monolithic Behaviour
Bericht IBA Nr. 185, ISBN 3-7643-2712-X, November 1991, Fr. 8.80

J.-M. Hohberg:
A Joint Element for the Nonlinear Dynamic Analysis of Arch Dams
Bericht IBA Nr. 186, Juli 1992, ISBN 3-7643-2811-8, Fr. 92.--

H. Bachmann:
Earthquake Design of Bridges - The Swiss Code Approach
Bericht IBA Nr. 187, März 1992, ISBN 3-7643-2755-3, Fr. 7.70

Konrad Moser:
Ist Erdbebensicherung im Hochbau gerechtfertigt?
Bericht IBA Nr. 188, März 1992, ISBN 3-7643-2756-1, Fr. 8.50

Menn C., Brenni P., Keller T., Pellegrinelli L:
Verbindung von altem und neuem Beton
Bericht IBA Nr. 193, August 1992, ISBN 3-7643-2825-8, Fr. 77.--

Paul Gauvreau:
Load Tests of Concrete Girders Prestressed with Unbonded Tendons
Bericht IBA Nr. 194, Januar 1993, ISBN 3-7643-2843-6, Fr. 79.--

D.P.Gauvreau:
Ultimate Limit State of Concrete Girders Prestressed with Unbonded Tendons
Bericht IBA Nr. 198, Januar 1993, ISBN 3-7643-2873-8, Fr. 66.--

Markus Petschacher:
Zuverlässigkeit technischer Systeme
Computerunterstützte Verarbeitung von stochastischen Grössen mit dem Programm VaP
Bericht IBA Nr. 199, August 1993, ISBN 3-7643-2967-X, Fr. 59.--

Peter Linde:
Numerical Modelling and Capacity Design of Earthquake-Resistant Reinforced Concrete Walls
Bericht IBA Nr. 200, August 1993, ISBN 3-7643-2968-8, Fr. 86.--

Konrad Moser:
Erdbebentauglichkeit von Stahlbetonhochbauten
Bericht IBK Nr. 201, November 1993, ISBN 3-7643-5006-7, Fr. 65.--

Viktor Sigrist, Peter Marti:
Versuche zum Verformungsvermögen von Stahlbetonträgern
Bericht IBK Nr. 202, November 1993, ISBN 3-7643-5007-5, Fr. 55.--

Nebojša Mojsilović, Peter Marti:
Versuche an kombiniert beanspruchten Mauerwerkswänden
Bericht IBK Nr. 203, April 1994, ISBN 3-7643-5060-1, Fr. 88.--

René Steiger, Ernst Gehri, Hanspeter Arm:
Einspannvorrichtung für Zugversuche an Holzproben grösseren Querschnitts
Bericht IBK Nr. 204, April 1994, ISBN 3-7643-5074-1, Fr. 48.--

MIX
Papier aus verantwortungsvollen Quellen
Paper from responsible sources
FSC® C105338

If you have any concerns about our products,
you can contact us on
ProductSafety@springernature.com

In case Publisher is established outside the EU,
the EU authorized representative is:
Springer Nature Customer Service Center GmbH
Europaplatz 3, 69115 Heidelberg, Germany

Printed by Libri Plureos GmbH
in Hamburg, Germany